Structures éditoriales du groupe L'Harmattan

L'Harmattan Italie
Via degli Artisti, 15
10124 Torino
harmattan.italia@gmail.com

L'Harmattan Hongrie
Kossuth l. u. 14-16.
1053 Budapest
harmattan@harmattan.hu

L'Harmattan Sénégal
10 VDN en face Mermoz
BP 45034 Dakar-Fann
senharmattan@gmail.com

L'Harmattan Congo
67, boulevard Denis-Sassou-N'Guesso
BP 2874 Brazzaville
harmattan.congo@yahoo.fr

L'Harmattan Cameroun
TSINGA/FECAFOOT
BP 11486 Yaoundé
inkoukam@gmail.com

L'Harmattan Mali
ACI 2000 - Immeuble Mgr Jean Marie Cissé
Bureau 10
BP 145 Bamako-Mali
mali@harmattan.fr

L'Harmattan Burkina Faso
Achille Somé
tengnule@hotmail.fr

L'Harmattan Togo
Djidjole – Lomé
Maison Amela
face EPP BATOME
ddamela@aol.com

L'Harmattan Guinée
Almamya, rue KA 028 OKB Agency
BP 3470 Conakry
harmattanguinee@yahoo.fr

L'Harmattan Côte d'Ivoire
Résidence Karl – Cité des Arts
Abidjan-Cocody
03 BP 1588 Abidjan
espace_harmattan.ci@hotmail.fr

L'Harmattan RDC
185, avenue Nyangwe Commune
de Lingwala – Kinshasa
matangilamusadila@yahoo.fr

Nos librairies en France

Librairie internationale
16, rue des Écoles
75005 Paris
librairie.internationale@harmattan.fr
01 40 46 79 11
www.librairieharmattan.com

Librairie des savoirs
21, rue des Écoles
75005 Paris
librairie.sh@harmattan.fr
01 46 34 13 71
www.librairieharmattansh.com

Librairie Le Lucernaire
53, rue Notre-Dame-des-Champs
75006 Paris
librairie@lucernaire.fr
01 42 22 67 13

DÉVELOPPEMENT ET DURABILITÉ DE L'AGRICULTURE

(SÉNÉGAL, MAURITANIE, MALI, BURKINA FASO, NIGER)

LES SERVICES AGROMÉTÉOROLOGIQUES
POUR LES PRODUCTEURS RURAUX

coll. “*Africultura*”

Pubblicazione realizzata con il contributo di :
Publication réalisée avec le soutien de :

Consiglio Nazionale delle Ricerche (CNR)
Istituto per la BioEconomia (IBE)
sede di Firenze

DÉVELOPPEMENT ET DURABILITÉ DE L'AGRICULTURE

(SÉNÉGAL, MAURITANIE, MALI, BURKINA FASO, NIGER)

LES SERVICES AGROMÉTÉOROLOGIQUES
POUR LES PRODUCTEURS RURAUX

Patrizio Vignaroli,
Andrea Di Vecchia, Maurizio Bacci,
Vieri Tarchiani

L'Harmattan Italia
via Degli Artisti 15
10124 Torino

L'Harmattan
5-7 rue de l'École Polytechnique
75005 Paris

www.editions-harmattan.fr
harmattan.italia@gmail.com

ISBN (Italia) : 978-88-7892-452-9 / ISBN (France) : 978-2-14-030951-9

SOMMAIRE

PRÉFACE

Dès toujours, l'agriculture s'est développée en s'adaptant au climat et à ses changements au fil du temps, et les connaissances acquises, transmises à travers les générations, ont contribué à la culture agricole des différentes régions, rythmée par les phases lunaires et consolidée par les proverbes. À partir du XIXe siècle, les sciences agraires ont joué un rôle déterminant dans le développement de l'agriculture, favorisant l'introduction d'innovations, de processus et de produits qui ont entraîné une intensification progressive des systèmes de culture et d'élevage afin de répondre à la demande croissante en alimentation d'une population en constante augmentation.

Cependant, au cours des quarante dernières années, les changements climatiques ont soulevé de nouveaux défis, accélérant la demande de solutions capables d'aider l'agriculture à les relever, tout en préservant les ressources environnementales (air, terre, eau) dans un contexte de forte concurrence dictée par la mondialisation. Parmi les sciences agraires, l'agrométéorologie représente conceptuellement un outil puissant pour anticiper le comportement des cultures tout au long du processus de production et, par conséquent, pour aider les agriculteurs dans les actions à entreprendre dans une perspective de durabilité des différents systèmes agraires.

Ce livre cherche à décrire l'évolution de l'agrométéorologie et des services climatiques pour l'agriculture en Afrique de l'Ouest, dès premières tentatives embryonnaires au siècle dernier jusqu'aux systèmes plus complexes et aux expériences plus réussies des dernières années. L'objectif est de faire connaître le passé, l'évolution stratégique, méthodologique et technologique afin de fournir des pistes de réflexion à tous ceux qui s'intéressent à l'agrométéorologie et qui travaillent pour contribuer à la sécurité alimentaire, sociale et environnementale dans toutes les régions où l'homme, qu'il soit éleveur ou agriculteur, s'efforce de gérer de manière plus consciente et durable la relation difficile avec un climat en évolution. Le livre suit l'évolution temporelle de l'agriculture en Afrique de l'Ouest, les défis climatiques et les réponses apportées par la communauté scientifique, d'une part pour prévoir et réduire les impacts des crises climatiques et, d'autre part, pour soutenir les agriculteurs dans la réduction des risques et l'optimisation de la gestion des cultures en fonction du climat.

Entre 1973 et 1984, les sécheresses catastrophiques qui ont frappé les pays du Sahel ont suscité une extraordinaire solidarité de la société civile mondiale et la mobilisation de la coopération internationale pour aider les populations touchées. En même temps, une forte collaboration s'est développée entre les institutions scientifiques européennes et américaines, les agences des Nations Unies et les structures régionales et nationales, produisant des outils et des informations pour soutenir la sécurité alimentaire des populations, initialement axés sur la prévision de nouvelles sécheresses et postérieurement sur l'aide aux agriculteurs. La vivacité particulière de cette période a également stimulé le débat sur les stratégies de prévision et de réduction des risques climatiques, permettant de passer d'une approche réactive basée sur l'aide humanitaire à des politiques de développement rural axées sur le soutien à la production agricole. De nombreux observateurs soutenaient que les politiques de développement adoptées par les pays du Sahel constituaient une simple continuation de celles de l'époque coloniale, ne tenant pas compte du principe de souveraineté alimentaire mais se concentrant sur les cultures de rente. Un changement de paradigme était donc nécessaire pour recentrer le développement sur le monde rural en soutenant la production alimentaire et en introduisant des innovations compatibles avec les contextes environnementaux et socio-économiques de référence, tout en assignant au "paysan" un rôle stratégique en tant qu'acteur du développement. Ce processus a été facilité par la révolution technologique basée sur les satellites, l'informatique et les outils de communication. Au tournant du nouveau millénaire, d'opportunités ultérieures se sont concrétisées pour développer des applications agrométéorologiques de plus en plus précises, ponctuelles et efficaces grâce à un laboratoire de recherche extraordinairement répandu.

À partir de 1984, en Italie, l'Institut d'Agrométéorologie et d'Analyse Environnementale Appliquée à l'Agriculture du Conseil National de la Recherche (actuellement l'Institut pour la Bioéconomie), grâce à la volonté de son directeur, le professeur Giampiero Maracchi, a commencé à opérer dans la région sahélienne caractérisée par une grande fragilité agro-environnementale et socio-économique. L'élément novateur de cette expérience était de combiner les activités de recherche avec le transfert de connaissances et d'outils opérationnels aux services techniques nationaux. Les auteurs de ce volume, qui ont travaillé dans ce contexte depuis plus de quatre décennies, désirent – à travers leur témoignage – décrire l'expérience qu'ils ont partagée avec des dizaines d'autres chercheurs.

Cet ouvrage identifie et analyses notamment les innovations techniques ou méthodologiques les plus importantes dans ce contexte historique et opérationnel.

Il présente également de nombreuses études de cas liées à des initiatives particulièrement pertinentes qui ont permis une avancée significative dans l'opérationnalisation des services agrométéorologiques en Afrique de l'Ouest.

En conclusion, ce travail offre quelques réflexions sur les défis du développement futur des services climatiques en agriculture dans les pays sub-sahariens. Il s'agirait, en effet, de : recentrer le système sur l'agriculteur pour que l'information produite et distribuée soit réellement utile et pratique ; stimuler un dialogue accru entre les acteurs (services météorologiques, centres de recherche, intermédiaires, utilisateurs finaux, secteur privé et décideurs politiques) ; trouver de nouveaux modèles économiques pour une amélioration vertueuse et durable des services : mettre en évidence le rôle de la formation et de l'information, éléments essentiels pour assurer la durabilité des efforts déployés.

I. INTRODUCTION SUR L'AGROMÉTÉOROLOGIE EN AFRIQUE DE L'OUEST

L'histoire de l'agrométéorologie au Sahel ne peut être dissociée de la connexion complexe entre l'homme, l'agriculture et le climat. Au cœur de ce nexus se dessine le tableau d'un monde où le développement de l'agriculture et des communautés agricoles est inextricablement lié à la variabilité et aux changements climatiques, ainsi qu'aux ressources fondamentales telles que la fertilité des sols, le patrimoine génétique des plantes, la disponibilité de la main-d'œuvre et des eaux de surface.

Ce livre vise à souligner l'importance de l'information et des services agrométéorologiques pour le développement et la durabilité de l'agriculture au Sahel, qui a dû faire face – au cours des cinquante dernières années – à des bouleversements politiques, des révolutions sociales, des crises environnementales et alimentaires, ainsi qu'à des changements climatiques. Le livre commence par un chapitre de contexte historique qui guide le lecteur dans une exploration de la manière dont les dynamiques climatiques ont tissé la trame de l'agriculture en Afrique de l'Ouest. Cette histoire est celle des défis relevés et des solutions découvertes, des cycles de prospérité et des périodes de famine où les innovations agricoles se mêlent à l'ingéniosité humaine et aux différentes conditions environnementales, politiques et sociales dans lesquelles les sociétés se sont trouvées à travers les siècles. Si d'une part, la relation entre le climat, les ressources et la culture a façonné l'évolution de l'agriculture, en Afrique de l'Ouest en général et au Sahel dans le spécifique, avec des implications profondes pour le présent et l'avenir, d'autre part, les communautés agricoles ont tiré des enseignements des conditions changeantes et ont tracé de nouvelles voies vers l'adaptation et l'atténuation des risques.

En remontant aux racines mêmes de l'agriculture, nous pouvons clairement discerner comment les anciennes communautés ont appris à modeler et à adapter leurs pratiques agricoles en fonction du cadre climatique qui les entourait. Ce lien indissoluble entre l'agriculture et le climat rappelle l'influence déterminante des conditions environnementales sur la croissance des civilisations humaines, comme décrit en profondeur par Jared Diamond (1997). Les caractéristiques géographiques et environnementales, ainsi que les conditions climatiques et les ressources naturelles disponibles, ont d'abord guidé la domestication, puis la sélection des cultures et des pratiques agricoles au fil des siècles. Les caractéristiques environnementales sont également étroitement liées à la disponibilité des ressources génétiques des plantes, ce qui a influencé la diversification agricole ainsi que la résilience et la capacité d'adaptation de l'agriculture aux changements climatiques.

La transition de la chasse et de la cueillette à la culture des terres a été une phase cruciale dans l'évolution humaine. L'adoption de l'agriculture, grâce à une plus grande disponibilité de nourriture, a entraîné des changements complexes dans la manière dont les sociétés organisaient le travail, le pouvoir et la hiérarchie. D'un autre côté, ces sociétés plus complexes sont ensuite devenues plus vulnérables aux problèmes tels que les famines et les conflits sociaux. Selon James C. Scott (2017), l'agriculture a rendu possible la formation d'établissements permanents et la production d'excédents alimentaires, ce qui a donné naissance à des hiérarchies sociales de plus en plus complexes et le contrôle des ressources agricoles et de la terre est devenu un puissant outil de pouvoir pour les élites émergentes. L'accumulation d'excédents a permis la formation de classes dominantes qui pouvaient exploiter le travail des autres et établir des systèmes de gouvernement centralisé. À leur tour, l'organisation sociale et les structures étatiques qui ont émergé ont influencé le développement ultérieur de l'agriculture, qui devait assurer la subsistance d'une population de plus en plus nombreuse engagée dans d'autres occupations. Par conséquent, il y a eu des transformations agricoles imposées d'en haut, telles que le développement de grands systèmes d'irrigation ainsi que de chaînes agricoles commerciales lors de la colonisation. D'un autre côté, dans ce contexte, l'agriculture de subsistance a également été une stratégie de résistance pour de nombreuses communautés rurales confrontées à des changements politiques, sociaux et environnementaux. La relation entre l'agriculture et les structures de pouvoir a été analysée par Scott (1985), qui conclut que de nombreuses communautés rurales, apparemment vulnérables, développent des tactiques de résistance quotidienne non violentes mais hautement efficaces pour préserver leur autonomie et leur mode de vie. En ce qui concerne les changements environnementaux, les communautés adoptent également des stratégies agricoles de subsistance à faible investissement et à faible risque, qui constituent également une forme fondamentale de résistance pour assurer la survie des populations rurales soumises à des changements politiques, sociaux et environnementaux constants. L'évolution de l'agriculture au Sahel fait l'objet du chapitre II de ce livre.

Les chapitres suivants retracent l'histoire de l'agrométéorologie et de ses applications en Afrique de l'Ouest et plus particulièrement au Sahel.

L'agrométéorologie est définie comme la branche de la météorologie qui traite tous les éléments sensibles au climat, depuis la production jusqu'à la consommation de tous les produits agricoles, notamment les animaux et les végétaux (Gommes, 1998a). Dans ce sens, les services agrométéorologiques incluent "toutes les informations agrométéorologiques et climatologiques qui peuvent être directement appliquées pour améliorer la production agricole (qualité des rendements, quantité et revenus tirés des rendements) tout en protégeant la base de production agricole de la dégradation" (Stigter 2003). Ces informations sont ciblées sur un utilisateur spécifique en considérant ses besoins de prise de décision ainsi que le contexte socio-culturel pour qu'elles soient actionnables dans la pratique.

L'agrométéorologie en tant que science trouve ses origines dans l'ouvrage de Giuseppe Toaldo *La Meteorologia Applicata all'Agricoltura* (1775). Bien que bon nombre des théories de Toaldo aient depuis été réfutées, l'agrométéorologie naît et se développe en tant que science appliquée dans l'intérêt des agriculteurs, visant à augmenter la productivité agricole, notamment en raison de l'urbanisation croissante et de la nécessité de nourrir une population de plus en plus nombreuse qui n'est plus exclusivement dédiée à l'agriculture. Elle s'étend progressivement aux colonies, où l'on tente d'introduire des cultures industrielles et de valeur dans des conditions climatiques nouvelles ou peu connues afin de maximiser les rendements et les profits. Les premiers services agrométéorologiques voient le jour à la fin du XIXe siècle (en Russie, aux États-Unis et au Royaume-Uni) (Parolini, 2022). À la fin des années 70 du XIXe siècle, l'Organisation Météorologique Internationale (OMI), fondée en 1873, a commencé à discuter de l'application de la météorologie à l'agriculture et à la sylviculture, mais ce n'est qu'en 1923 que la Commission de Météorologie Agricole (CAgM) a pu tenir sa première réunion, bien qu'elle ait été créée en 1913 (Baier et al., 1991). En 1963, la première version du *Guide to agricultural meteorological practices* de l'OMM (OMM, 1963) est publiée, indiquant que les services agricoles reposent sur des "recommandations" contrairement aux services aéronautiques qui sont prescrits par des règlements visant à améliorer la sécurité aérienne.

Dans la littérature scientifique, le terme "Services agrométéorologiques" apparaît pour la première fois en 1981 dans un article de Rodney C. Hills qui déclare textuellement que "un service est précieux uniquement s'il est utilisé", délimitant ainsi la frontière entre l'information et le service (Rodney C. Hills, 1981). Déjà en 1977, Cummings (1977) soulignait la nécessité de relier les données météorologiques aux besoins spécifiques des utilisateurs, sinon "une demande diffuse et sans fin de plus de données et de collecte devient souvent une fin en soi plutôt qu'un moyen" (Rodney C. Hills, 1981). En réalité, dès 1971, la section agricole du Département Météorologique de l'Afrique de l'Est avait fait une première tentative de co-développement d'un service agrométéorologique grâce à une enquête auprès des utilisateurs potentiels du secteur agricole pour recueillir leurs besoins et recommandations (Rodney C. Hills, 1981).

Les résultats de cette première expérience sont très intéressants et mettent en évidence les différents utilisateurs des services agrométéorologiques. D'une part, les agriculteurs qui demandaient des prévisions météorologiques à 24 heures, mais seulement si elles étaient "beaucoup meilleures que le hasard", sinon elles ne représentaient pas d'amélioration par rapport aux méthodes traditionnelles de semis à faible risque. Cette demande a donné naissance à un service de prévisions locales diffusées par radio pour aider les agriculteurs à gérer la culture du coton dans les terres intérieures de Dar-es-Salaam. D'autre part, il y avait les économistes agricoles qui voulaient des prévisions sur les rendements des cultures pour une meilleure gestion économique et demandaient donc d'investir des ressources dans la prévision saisonnière des précipitations.

Cependant, en période coloniale et post-coloniale, l'agrométéorologie opérationnelle n'était pas diffusée en Afrique de l'Ouest même si, étant l'agriculture pluviale prédominante, la vie des populations tournait autour de l'arrivée ou non des précipitations et de leur pattern de distribution. L'intérêt scientifique pour l'agrométéorologie au Sahel a augmenté en raison des effets de la variabilité croissante des précipitations au cours des décennies 1970 et 1980. Auparavant, les recommandations pour le développement agricole en Afrique de l'Ouest étaient principalement basées sur la gestion des sols plutôt que sur d'autres facteurs contrôlant la productivité agricole, mais avec la sécheresse, les précipitations ont gagné une attention particulière. Les premières études agrométéorologiques menées au Sahel sur la relation entre variabilité pluviométrique et rendements des cultures datent de la fin des années 70 et début des 80 (Dancette, 1978 ; Dennet et al., 1981). Sivakumar (1988) a noté : "une relation significative entre le début des pluies et la durée de la saison de croissance. L'analyse des précipitations a des applications importantes dans la planification des cultures... [et] la planification des catastrophes... pour l'Afrique de l'Ouest sujette à la sécheresse". L'auteur a également déclaré : "la nature imprévisible et variable des précipitations dans cette région... est souvent invoquée comme raison des échecs fréquents des récoltes". Par conséquent, toute variation dans la distribution où la quantité des précipitations peut entraîner de graves problèmes pour la productivité des cultures (c'est-à-dire les échecs de récolte et les pénuries alimentaires). Cependant, les compétences et les applications agrométéorologiques étaient encore à un stade émergent et différaient d'un pays à l'autre en fonction de la gravité des conséquences de la variabilité climatique.

Le travail de Sivakumar (1988) a été significatif pour soutenir la prise de conscience croissante de l'importance de l'agrométéorologie au Sahel et il a contribué au développement de méthodes d'analyse de séries chronologiques, de distributions spatiales et d'analyses de corrélation dans différentes zones agro-écologiques avec des calendriers de culture spécifiques en fonction des besoins en eau des cultures et du cycle phénologique. Par la suite, l'agrométéorologie s'est enrichie de la modélisation de la croissance des cultures en relation aux facteurs climatiques, comme le modèle CROPWAT de la FAO (FAO, 1992) et de l'application de données télédétectées pour le suivi des cultures (Conese et al. 1991).

Les applications agrométéorologiques au Sahel se sont concentrées sur deux axes principales : a) la production d'information pour supporter les décideurs politiques et l'aide internationale dans la prévention des crises alimentaires ; b) la production d'informations et services pour supporter les producteurs dans l'amélioration des pratiques agricoles, l'augmentation des rendements des cultures et dans la réduction des risques. Ces deux typologies se sont développées en parallèle mais avec des dynamiques différentes, induites soit par des besoins contingents, soit par les politiques des donateurs. Comme on le verra dans le troisième chapitre, les crises alimentaires des années 1970 et 1980 ont conduit les donateurs et les pays à investir considérablement dans les systèmes d'alerte précoce agrométéorologiques, tandis que, plus tard, les politiques de développement rural ont entraîné des investissements dans les services agrométéorologiques afin de soutenir la production agricole.

Dans les années 1970 et 1980, il était urgent de développer des systèmes d'alerte agrométéorologique pour prédire et prévenir les crises alimentaires à grande échelle. L'engagement international s'est intensifié après la deuxième famine des années 1980, qui a eu un effet cumulatif avec la première, dont les populations et les agroécosystèmes ne s'étaient pas encore remis. La priorité était alors de répondre rapidement à ce type d'événement catastrophique à l'échelle régionale. Alors que le monde entier se mobilisait pour venir en aide aux populations touchées, les institutions nationales et internationales ont commencé à mettre en place un mécanisme de surveillance de la sécurité alimentaire supranational et collaboratif centré sur le CILSS (Comité permanent Inter-États de Lutte contre la Sécheresse dans le Sahel) et le Plan ORSEC (Organisation de la Réponse de Sécurité Civile). Le bras opérationnel du CILSS est devenu AGRHYMET (Centre Régional de Formation et d'Application en Agrométéorologie et Hydrologie opérationnelle pour les Pays du Sahel), créé en 1975 pour former des techniciens supérieurs et des ingénieurs en agrométéorologie et en hydrologie, collecter et analyser à l'échelle régionale les données recueillies par les réseaux nationaux, assurer la surveillance agrométéorologique et hydrologique du Sahel et fournir aux services nationaux des avertissements sur la situation météorologique et hydrologique pour l'agriculture et l'élevage. Le système régional était ancré dans les pays par le biais des services météorologiques et des GTP (Groupes de Travail Pluridisciplinaires). Le Plan ORSEC intervenait en aval, identifiant les besoins humanitaires et gérant les situations pour lesquelles les gouvernements nationaux n'avaient pas suffisamment de ressources. Ce système, complexe et à la pointe de la technologie pour l'époque, a été mis en place grâce à une collaboration technique et scientifique intense entre les pays du Sahel et des pays développés tels que la France, les États-Unis et l'Italie, ainsi qu'à d'importants financements publics. La recherche et l'innovation ont permis en quelques années de révolutionner la météorologie appliquée grâce à la détection par satellite et à l'informatique. D'autre part, bien que la priorité ait été la décision politique/stratégique à l'échelle régionale, les agriculteurs n'ont pas été complètement oubliés. En effet, à la fin des années 1980, les premiers services agrométéorologiques pour les agriculteurs ont été créés car la variabilité climatique brutale vécue lors des grandes sécheresses avait remis en question les connaissances traditionnelles des agriculteurs, et donc le besoin de fournir des avertissements et des conseils pour gérer les nouveaux schémas climatiques est également apparu.

Cependant, à l'époque, les impacts des services agrométéorologiques sur l'agriculture de petite échelle étaient limités car les services de vulgarisation agricole n'étaient pas directement impliqués, étaient faibles et incapables de traduire les résultats de la recherche agrométéorologique en termes que les agriculteurs pouvaient facilement comprendre et appliquer (Parolini, 2022). En revanche, le système d'alerte aux famines et de sécurité alimentaire fonctionnait bien et est resté essentiellement inchangé jusqu'aux années 1990. Par la suite, le système a été renforcé par le Réseau de Prévention des Crises Alimentaires (RPCA) et enfin, à partir de 1999, intégré dans le "Cadre Harmonisé" (CILSS, 2014). À la fin des années 1990, avec l'absence de grandes famines et la récurrence de crises locales, l'attention et la priorité pour l'agrométéorologie appliquée se sont déplacées vers une plus grande précision spatiale et le soutien à la production agricole (augmentation des rendements, réduction des coûts et des pertes).

Les premières années 2000 ont vu l'avènement des technologies déjà expérimentées dans la décennie précédente, avec une production croissante d'informations basées sur des données à distance et souvent déconnectées du terrain où persistaient d'énormes difficultés d'accès aux données et aux informations détaillées. Dans cette surabondance d'informations à distance, d'une part, le système d'alerte précoce a perdu une grande partie de son attrait politique et était en train de se cristalliser dans un système extrêmement complexe et lourd, et d'autre part, la production d'information prédominait, mais on oubliait ceux qui devaient l'utiliser, les agriculteurs. En effet, la technologie progressait en termes de données d'entrée (prévisions saisonnières et météorologiques, observations satellitaires), d'analyse, de gestion de l'information (SIG et bases de données) et de représentation (applications web), mais la communication avec les utilisateurs sur le terrain, qui souffraient d'un fossé technologique dramatique, n'était pas encore au rendez-vous. Ce n'est qu'en 2011 que l'OMM a adopté officiellement le concept de services climatiques (WMO, 2011), renversant le paradigme dé l'information générale au service ciblé pour un utilisateur spécifique. Ce processus de focalisation des produits en services était également soutenu par les nouvelles technologies de communication, qui faisaient leur entrée dans les zones rurales, avec l'arrivée des smartphones, ouvrant de nouvelles options pour la dernière étape, même si les radios rurales demeuraient l'outil le plus efficace pour atteindre les petits agriculteurs des régions éloignées.

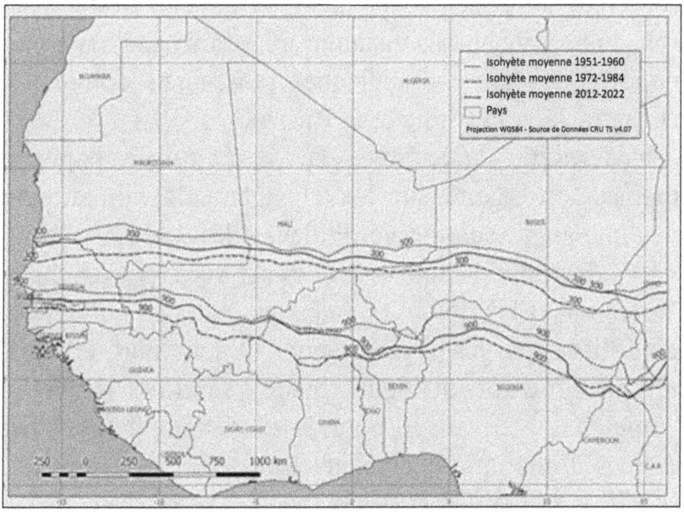

Figure 1. Glissement des isohyètes entre 1951-1960, 1972-1984 et 2010-2022

Pendant ce temps, au Sahel, les pluies étaient revenues (figure 1). En effet, les changements climatiques observés avaient ramené les précipitations moyennes au niveau d'avant la sécheresse, mais avec des variations dans le début de la saison, une intensification des événements, une augmentation du ruissellement, des débits des cours d'eau et des inondations, ainsi qu'une augmentation des températures et de l'évapotranspiration. Ainsi, les grandes crises alimentaires avaient été remplacées par de nouveaux problèmes, plus localisés et liés à des événements extrêmes de plus en plus fréquents. Le changement climatique a également eu un impact sur les politiques et l'opinion publique mondiale, transformant la mission de l'agrométéorologie, passant de la protection des intérêts des agriculteurs à un soutien à l'adaptation et à l'atténuation des changements climatiques et à la durabilité de l'agriculture. Mais d'autres problèmes surgissent également au Sahel : déstabilisation, insécurité, jihad islamique, terrorisme, rivalités géopolitiques entre d'anciennes puissances coloniales, les États-Unis, la Chine et la Russie.

La dernière décennie a été caractérisée par une emphase croissante sur les changements climatiques, avec une augmentation vertigineuse des données télédétéctées disponibles pour créer des services (par exemple, Copernicus, EUMETSAT), mais qui sont peu connues et peu utilisées par les pays du Sahel. D'autre part, les agriculteurs retrouvent leur place centrale grâce à l'impulsion généralisée pour le co-développement des services climatiques (Vincent et al., 2021), devenu une règle d'or soutenue par des manuels (Carter et al., 2019) et des normes (Bremer and Meisch, 2017) pour leur conception et leur évaluation. En effet, même la communauté scientifique commence à s'intéresser à la manière dont les services sont développés et à leur impact réel. Dans la littérature, on trouve de nombreuses expériences ponctuelles avec des données quantitatives, bien que liées à des projets de quelques années et limitées géographiquement. Nonobstant la parution de revues intéressantes (Vincent et al., 2018, Vaughan 2019), il manque toujours un état réel des services agrométéorologiques en Afrique de l'Ouest, de leur évolution spatiale et temporelle au cours des dix dernières années. Ce type d'évaluation serait très utile pour répondre à la question de la durabilité des services, c'est-à-dire comment ils sont maintenus dans le temps s'ils ne sont pas liés à des projets et à l'aide publique au développement. L'autre question qui est abordée dans les conclusions (chapitre 6) concerne les services de vulgarisation agricole, qui devraient prendre en charge la formation des agriculteurs à l'utilisation des services et contribuer à leur diffusion, mais qui n'ont ni les ressources ni les capacités pour le faire. Depuis longtemps, on parle de partenariats publics-privés comme solution à ce déséquilibre, mais ils peinent toujours à se développer au Sahel, à l'exception de quelques cas spécifiques que nous verrons dans les prochains chapitres.

II. ORIGINE ET ÉVOLUTION DE L'AGRICULTURE EN AFRIQUE DE L'OUEST

L'évolution du climat en Afrique de l'Ouest depuis le Néolithique jusqu'à aujourd'hui a été marquée par une alternance de conditions plus humides et plus sèches, largement influencée par les variations de l'activité de la mousson et de la position de la Zone de Convergence Intertropicale (ZCIT). Pendant le Néolithique (VIIIe millénaire avant J.-C.), le Sahara était couvert de savanes et a connu l'une des phases les plus humides de son histoire, comme en témoignent les nombreuses lithographies découvertes sur des sites archéologiques. En effet, cette période a vu la transition d'une économie de chasse et de cueillette à une économie basée sur l'élevage d'animaux domestiques (Shaw, 1976). L'Afrique de l'Ouest bénéficiait également de conditions plus humides et de précipitations plus abondantes par rapport à aujourd'hui. À partir du Ve millénaire avant J.-C., l'agriculture a fait son apparition d'abord dans le Sahara, puis dans le Sahel, avec l'arrivée de populations fuyant les conditions climatiques de plus en plus arides du Sahara (Vernet, 2002). Depuis lors, la ZCIT s'est progressivement déplacée vers le sud, entraînant une diminution des précipitations dans la région et l'expansion de climats arides et semi-arides.

À l'époque historique, le Sahel a connu une période très aride qui s'est achevée vers le VIIe siècle de notre ère. Entre le VIIe et le XIVe siècle, le Sahel était relativement humide, ce qui a favorisé le développement des grands empires soudano-sahéliens jusqu'aux confins du Sahara, où ils avaient leurs capitales présumées (Koumbi-Saleh, le royaume du Ghana, et Manam, le royaume du Kanem) (Maley and Vernet, 2013). Au XIIIe

siècle, Ibn Said a décrit le grand lac Koura, correspondant à l'actuel lac Tchad, où plusieurs grands fleuves confluaient et d'où naissait le Nil Misr (en direction de l'Égypte), c'est-à-dire le Bahr el-Ghazal, qui coulait encore à cette époque (Maley, 2004). On suppose que le régime des précipitations se divisait à ce moment-là en deux saisons, une petite saison des pluies au printemps et une saison plus longue en été (Maley, 2011).

Des conditions plus humides alternant avec des périodes de sécheresse ont prévalu du XVIe au XVIIIe siècle, avant qu'une tendance vers des conditions plus sèches ne commence à la fin du XVIIIe siècle (Nicholson 1978). La fin du XVIIIe siècle a marqué un changement significatif dans tout l'hémisphère nord de l'Afrique tropicale. En 1790, une grave sécheresse a touché le Tchad, le Bornou et la région de Kano au Nigeria, contraignant à l'évacuation d'Agadez (Lovejoy and Baier, 1975). La période de 1828 à 1839 semble avoir été le pic d'une longue série de sécheresses qui ont affecté une grande partie de l'Afrique tropicale et du Sahara jusqu'aux années 1950 ou 1960 du XIXe siècle. À la fin du XIXe siècle, le Sahel a été caractérisé par une période plus humide, documentée également par les premières observations météorologiques sporadiques de l'époque coloniale. Ce schéma, entrecoupé de quelques périodes plus sèches (par exemple, 1913-14) et de quelques périodes plus humides (années 1950), a perduré jusqu'à la fin des années 1960 du XXe siècle.

Les anciennes gravures rupestres du Sahara central, réalisées entre le VIe et le IVe millénaire avant J.-C., montrent que déjà à cette époque l'élevage d'animaux domestiques – tels que les vaches et les chèvres – était répandu. Cela a été confirmé, d'une part, par la découverte d'os de veau et de chevreau abattus à un jeune âge dans le désert du sud-est de la Libye au cours de la première moitié du Ve millénaire avant J.-C., et d'autre part, par la présence de graisse de lait de vache conservée dans des pots en terre cuite du Sahara central, utilisés entre le VIe et le IVe millénaire avant J.-C. Par ailleurs, les artistes rupestres de cette période ne représentent pas encore d'éléments liés à la collecte de plantes sauvages ou à l'agriculture (Dupuy, 2014).

En 1962, Portères (1962), en mettant à jour les études de Vavilov de 1935 (Vavilov, 1951), a identifié l'Afrique de l'Ouest comme un centre d'origine de l'agriculture. En effet, l'ancêtre sauvage du mil perlé (*Pennisetum glaucum*) est répandu le long de la ceinture sahélienne, du Nil à l'Atlantique, et doit donc avoir été domestiqué aux marges du désert, bien que l'époque demeure incertaine. Les plus anciens restes de mil perlé ont jusqu'à présent été identifiés au Mali vers le milieu du IIIe millénaire avant J.-C., et d'autres ont été trouvés dans le nord du Ghana et en Mauritanie, remontant à la fin du IIe millénaire avant J.-C. L'ancêtre sauvage (*Oryza barthii*) du riz africain (*Oryza glaberrima*) est réparti le long de la ceinture sahélienne, de la côte atlantique jusqu'au Nil et le long du rift en Afrique de l'Est. Portères (1962) avait déjà émis l'hypothèse que le riz africain avait été domestiqué dans le delta intérieur du fleuve Niger, et récemment, Wang et al. ont démontré que *Oryza glaberrima* avait été domestiqué indépendamment d'*Oryza sativa*, mais environ 7000 ans plus tard (au IIe millénaire avant J.-C.), confirmant son origine dans le delta intérieur du Niger (Wang et al., 2014). Quant au sorgho (*Sorghum spp.*), il est probablement originaire de l'Afrique du Nord-Est, où l'on trouve la plus grande diversité de sorghos cultivés et sauvages, et sa domestication aurait pu avoir lieu entre le Ve et le IIIe millénaire avant J.-C. (AA.VV., 2018).

L'agriculture qui a émergé au Néolithique sub-saharien est spécifiquement de type steppique-céréalier, qui s'est étendu vers le sud en raison de l'augmentation de la population et de la pression exercée par les nomades du désert. Cette expansion progressive a entraîné la réduction de la forêt tropicale du sud par le biais d'une déforestation continue et tenace. Alors que dans les zones de steppe et de savane, la culture du mil et du sorgho s'est répandue, le long des grands fleuves, en particulier dans le delta intérieur du Niger, la riziculture s'est développée, en mettant l'accent en particulier sur la culture de l'*Oryza glaberrima*. Avant la colonisation européenne, l'Afrique de l'Ouest abritait déjà une grande diversité de systèmes agraires qui variaient en fonction de facteurs tels que le climat, la géographie, la culture, les ressources disponibles et les structures sociales. Cette diversité était le résultat de siècles d'adaptation aux conditions locales et de pratiques transmises de génération en génération. Ces systèmes ont joué un rôle essentiel dans la sécurité alimentaire et la subsistance des populations de la région avant et après l'arrivée des colonisateurs européens. Les principaux systèmes agraires précoloniaux de l'Afrique de l'Ouest étaient :

- Agriculture itinérante et systèmes de jachère : de nombreux groupes ethniques pratiquaient l'agriculture itinérante, également connue sous le nom de culture sur brûlis. Dans ce système, les terres étaient défrichées et cultivées pendant une période de temps, puis laissées en jachère pendant une période de régénération. Ce cycle permettait aux sols de se reconstituer en nutriments. Différentes cultures étaient plantées en fonction de la saison et de la région y inclus les céréales (mil, sorgho), les tubercules (igname, manioc à partir des XVIe et XVIIe siècles) et puis l'arachide (aussi à partir du XVIIe siècle et les haricots).

- Agriculture en terrasses : dans les régions montagneuses, certaines communautés ont développé des systèmes agraires en terrasses pour cultiver en dépit du relief accidenté. Les terrasses étaient conçues pour retenir l'eau et le sol, ce qui permettait la culture des céréales, des légumes et des arbres fruitiers.
- Culture d'oasis : dans les régions désertiques ou semi-arides, les populations établies près des oasis pratiquaient l'irrigation pour cultiver des cultures céréalières (mil, sorgho, blé, orge), les légumes et les arbres fruitiers. L'irrigation était souvent réalisée à l'aide de systèmes de canaux et de puits.
- Agriculture le long des cours d'eau : les régions traversées par des cours d'eau permettaient des formes d'agriculture plus intensives. Les cultures étaient cultivées le long des rives des rivières et des fleuves, bénéficiant ainsi de l'humidité naturelle et de l'apport en nutriments provenant des inondations périodiques. Il s'agissait du riz, d'autres céréales et de légumes et arbres fruitiers.
- Systèmes de cultures en association : de nombreux groupes pratiquaient la culture en association, ce qui permettait une utilisation plus efficace de l'espace et des ressources. Par exemple, la culture de légumineuses avec des céréales pouvait enrichir le sol en azote.
- Élevage transhumant : l'élevage jouait un rôle important dans de nombreux systèmes agraires. Les groupes nomades et semi-nomades pratiquaient souvent l'élevage transhumant, déplaçant leur bétail entre les pâturages en fonction des saisons et des disponibilités en nourriture.

Dans certaines régions, les terres étaient gérées de manière communautaire. Les communautés avaient des règles et des coutumes spécifiques pour le partage des terres et des ressources, assurant ainsi une utilisation durable et équitable des ressources agricoles.

Parmi les cultures présentes, les céréales les plus importantes étaient déjà le mil, le sorgho et le riz.

L'igname est l'une des cultures les plus anciennes et les plus importantes d'Afrique de l'Ouest, jouant un rôle central dans l'alimentation et la culture des populations locales. Les différentes variétés d'ignames ont été domestiquées et cultivées dans différentes régions, créant une grande diversité de types et de variétés d'ignames adaptées aux différentes conditions environnementales.

Le manioc et l'arachide, bien que originaires des Amériques, se sont diffusés en Afrique de l'Ouest même avant la colonisation. Le manioc (*Manihot esculenta*) est originaire d'Amérique du Sud et a été introduit en Afrique par le biais des échanges intercontinentaux liés à la traite des esclaves et aux contacts maritimes entre l'Europe, l'Afrique et les Amériques. Il est difficile de fixer une date précise pour l'introduction du manioc en Afrique de l'Ouest, car cela s'est produit sur une période étalée et a probablement été influencé par diverses interactions. Cependant, il est généralement admis que le manioc a commencé à être cultivé en Afrique de l'Ouest à partir des XVIe et XVIIe siècles, avec l'arrivée des Européens et la traite des esclaves.

Les Portugais, les Espagnols et les Néerlandais étaient parmi les puissances européennes impliquées dans le commerce transatlantique et ont introduit des plantes et des cultures nouvelles dans les régions qu'ils ont colonisées ou fréquentées. Le manioc a été rapidement adopté en Afrique de l'Ouest en raison de sa résistance à la sécheresse et de sa capacité à pousser dans des conditions de sol moins fertiles. Il est devenu une culture importante pour la sécurité alimentaire et a été intégré aux systèmes agraires locaux, contribuant de manière significative à l'alimentation des populations de la région. L'arachide (*Arachis hypogaea*), également appelée cacahuète, est une autre culture qui a été introduite en Afrique de l'Ouest à partir des Amériques. Comme pour le manioc, il n'y a pas de date précise pour l'introduction de l'arachide en Afrique de l'Ouest, mais cela s'est produit au cours des siècles après le début des contacts entre l'Europe, les Amériques et l'Afrique. Une fois introduite en Afrique de l'Ouest, l'arachide s'est rapidement adaptée aux conditions locales et est devenue une culture importante dans l'agriculture de la région. Les populations locales ont adopté cette culture en raison de sa valeur nutritionnelle et de sa capacité à pousser dans divers types de sols. À partir de la colonisation l'arachide a été cultivé sur large échelle comme culture industrielle. Avec la crise des prix des années 1990, sa production est notablement réduite mais elle est toujours une culture cruciale en Afrique de l'Ouest, fournissant des protéines et des huiles alimentaires, contribuant de manière significative à la sécurité alimentaire et à l'économie des populations rurales.

Pendant la période de la colonisation en Afrique de l'Ouest, les systèmes agraires de la région ont subi des changements majeurs sous l'influence des politiques et des pratiques imposées par les administrations coloniales. Les principaux changements des systèmes agraires pendant cette période ont été :

- L'introduction de cultures de rente telles que le coton, le caoutchouc, l'huile de palme et l'arachide, dans le but de générer des revenus pour les colonies. Ces cultures ont été encouragées au détriment de certaines cultures vivrières locales, ce qui a modifié les priorités agricoles et les équilibres alimentaires dans la région.
- La réquisition des terres agricoles aux populations locales pour les attribuer à des entreprises coloniales ou à des colons européens. Cela a conduit à la dépossession des populations autochtones de leurs terres traditionnelles et à la perte de leur autonomie agricole.

- La modification des systèmes fonciers traditionnels introduisant la propriété foncière avec des conséquences sur les droits fonciers des communautés locales, entraînant des conflits et des perturbations.
- L'introduction de nouvelles techniques agricoles et méthodes de culture qui ont parfois amélioré les rendements, mais qui ont aussi pu être inadaptées aux conditions locales et aux connaissances traditionnelles.
- L'exploitation forcée sur les plantations ou dans les exploitations agricoles coloniales. Cette main-d'œuvre forcée a été soumise à des conditions de travail difficiles et à des traitements injustes.
- Le développement d'infrastructures agricoles axées sur l'exportation de matières premières vers la métropole. Cela a entraîné la construction de chemins de fer, de ports et d'autres installations pour faciliter l'exportation des produits agricoles, mais ces infrastructures ont souvent été conçues pour les intérêts coloniaux plutôt que pour le développement local.

En somme, la période de colonisation en Afrique de l'Ouest a largement transformé les systèmes agraires de la région, en introduisant de nouvelles cultures, en modifiant les systèmes fonciers et en mettant en place des pratiques agricoles qui ont souvent servi les intérêts coloniaux plutôt que les besoins des populations locales. Par conséquent, l'évolution des systèmes agraires sous la colonisation a entraîné des conséquences socio-économiques profondes, telles que la dégradation de la sécurité alimentaire, l'appauvrissement des populations rurales et la perte de souveraineté alimentaire.

L'arrivée de l'indépendance (entre la fin des années 1950 et le début des années 1960) n'a pas entraîné de grands changements dans la structure de systèmes agraires influencés pendant longtemps par les politiques coloniales et postcoloniales des pays européens. Cependant, l'indépendance crée des frontières dans des territoires auparavant unis sous l'égide de l'Afrique Occidentale Française et cela va affecter le déplacement des personnes tout comme le transfert des marchandises, en suscitant en outre des nationalismes qui débouchent sur des crises politico-militaires et des tensions internationales.

Ce n'est qu'à partir des années 1970 que l'on commence à observer des changements qui ont été influencés par des facteurs historiques, politiques, culturels et économiques différents d'un pays à l'autre. En général, après l'ère coloniale, de nombreux pays d'Afrique de l'Ouest ont cherché à restructurer leurs économies agricoles et rurales de manière à refléter leurs priorités nationales et les besoins de la population locale.

Aujourd'hui, en Afrique de l'Ouest, on peut identifier des systèmes de production agricole dont les différences sont déterminées par les conditions agroécologiques, mais aussi par l'accessibilité, la densité de la population et des raisons historiques qui ont influencé l'évolution vers un type de production plus commerciale ou plus axée sur la subsistance. Du nord au sud, c'est-à-dire des climats les plus arides aux plus humides, Dixon et al. (John Dixon et al., 2019) ont identifié :

- Le système pastoral aride et des oasis qui s'étend dans la bande désertique du Sahara, caractérisé par l'élevage extensif et l'agriculture d'oasis comprenant des palmiers dattiers, des cultures irriguées, des légumes, du bétail, des chameaux, des petits ruminants et des activités extra-agricoles.
- Le système pastoral qui couvre l'ensemble de la zone semi-aride du nord du Sahel, caractérisé par l'élevage extensif principalement de bovins, de chameaux, de moutons et de chèvres, ainsi que par une culture limitée de céréales, renforcée par des activités extra-agricoles.
- Le système agropastoral qui s'étend dans la zone purement sahélienne semi-aride, du Sénégal au Tchad, généralement

avec un accès limité aux services. Les principales cultures vivrières sont le sorgho et le mil, tandis que le bétail se compose de bovins, de moutons et de chèvres. Les moyens de subsistance comprennent également les légumineuses (niébé, arachides), le sésame, la volaille et les activités extra-agricoles.

- Le système mixte céréales-racines qui s'étend dans la zone soudano-sahélienne subhumide avec un accès entre moyen et élevé aux services, caractérisé par les céréales (principalement le maïs et le sorgho) ainsi que les racines et les tubercules (principalement le manioc). D'autres sources de subsistance comprennent le coton, les légumineuses, le bétail et les activités extra-agricoles.
- Le système mixte tubercules-racines qui s'étend dans les zones humides de plaine près de la côte du golfe de Guinée et est dominé par les racines et les tubercules (ignames, manioc), complétés par des légumineuses, des céréales et des activités extra-agricoles.
- Le système arboricole qui s'étend le long de la côte du golfe de Guinée, dominé par des cultures arboricoles telles que le cacao, le café, le palmier à huile ou le caoutchouc. D'autres sources de subsistance comprennent les agrumes, les ignames, le manioc, le maïs et les activités extra-agricoles.
- Le système basé sur la pêche le long des côtes, des lacs et des rivières de toute l'Afrique de l'Ouest, avec un accès entre moyen et élevé aux services, où le poisson est la principale source de subsistance, complété par des noix de coco, des noix de cajou, des bananes, des ignames, des fruits, des chèvres, de la volaille et des activités extra-agricoles.

Parmi ces systèmes, le système agropastoral est le plus exposé aux risques climatiques, et c'est principalement dans ce cadre qu'on développe au fil du temps les services agrométéorologiques, par la ensuite étendus à la zone subhumide caractérisée par le système de production mixte céréales-racines. Ensemble, ces deux systèmes couvrent la majeure partie des zones climatiques sahéliennes et soudaniennes, avec des précipitations variant de 250 à 800 mm par an, réparties en une seule saison des pluies de mai à octobre. Bien que le cumul annuel des précipitations soit assez constant, le début et la fin de la saison des pluies varient considérablement d'une année à l'autre, de même que la répartition des précipitations au cours de la saison et surtout dans l'espace. Par conséquent, la variabilité des précipitations est le principal risque pour les productions, qui sont également affectées par les insectes nuisibles aux cultures, les parasites et les agents pathogènes.

Mil (*Pennisetum glaucum*), sorgho (*Sorghum bicolor*), maïs (*Zea mays*) et riz (*Oryza spp.*) sont les principales cultures céréalières. Parmi les autres cultures on trouve le niebé (*Vigna unguiculata*), le fonio (*Digitaria exilis*) et l'arachide (*Arachis hypogea*) sur les sols plus sableux. Le sésame (*Sesamum indicum*), le pois de terre (*Voandzeia subterranea*), le gombo (*Hibiscus sabdariffa*), le voandzou (*Vigna subterranea*), les légumes, le igname (*Dioscorea spp.*) et le manioc (*Manihot esculenta*) sont cultivés dans les jardins. De nombreuses zones agropastorales sont caractérisées par une couverture arborée clairsemée entretenue par les agriculteurs à travers des techniques traditionnelles ou plus récentes telles que la Régénération Naturelle Assistée par l'Agriculteur (RNA). Ces parcs agroforestiers sont caractérisés par une ou quelques espèces d'arbres dominantes (*Acacia albida, Vitellaria paradoxa, Parkia biglobosa, Adansonia digitata* selon l'agroécologie) et par plusieurs espèces secondaires, dont la composition varie selon l'écologie locale et la préférence des agriculteurs. Cet ajustement agro-écologique vise à diversifier la production (alimentation, fourrage, combustible, bois pour outils et meubles, médicaments, etc.), à fournir des services agroécologiques (fertilité du sol, ombrage et régulation du microclimat, clôture et délimitation des champs) et à améliorer la durabilité du système. L'augmentation documentée de la couverture forestière dans les terres cultivées au cours des dernières décennies, malgré l'expansion des zones cultivées et la réduction des zones en jachère et de leur durée (Brandt et al., 2016), témoigne des effets positifs à long terme de la RNA pour la restauration des sols dégradés (Reij and Smaling, 2008), avec des impacts positifs significatifs sur les moyens de subsistance (Binam et al., 2015).

Au fil du temps, les agriculteurs ont développé de nombreuses stratégies pour optimiser la gestion des ressources et minimiser les risques, notamment la diversification en intégrant les cultures, les arbres et le bétail, la pratique de semis échelonnés pour faire face à l'irrégularité des précipitations et aux périodes de sécheresse, la culture extensive pour compenser la mortalité des plantes et les faibles rendements par hectare, l'association de céréales et de légumineuses pour maximiser les rendements combinés de deux ou plusieurs cultures et tirer parti des interactions entre les cultures (fixation d'azote, décomposition des racines, ombrage, réduction de la pression des parasites). En revanche, la rotation des cultures et la jachère sont de moins en moins utilisées, en particulier dans les zones à forte pression agricole.

L'intégration de l'agriculture et de l'élevage est généralisée, car le bétail fournit de la nourriture et des revenus (lait et viande), des intrants pour la fertilité du sol (fumier) et de la force de travail pour les activités dans les champs, la récolte et le transport. Le bétail est une source d'économies et de richesse. En cas de besoin, le bétail est vendu en période de difficulté ou pour répondre à des obligations sociales et religieuses. Pendant les longues périodes de sécheresse, il y a eu un passage des bovins aux petits ruminants, car ils sont moins coûteux, mieux adaptés à la sécheresse, plus faciles à nourrir et se reproduisent plus rapidement (Mortimore and Adams, 2001).

Dans les zones rurales, on observe souvent un gradient d'intensification agricole en anneaux concentriques autour du village ou du noyau familial, où la gestion la plus intensive est appliquée aux jardins familiaux et aux champs cultivés les plus proches du village, tandis que l'intensité est réduite dans les champs les plus éloignés. De plus, les agriculteurs adaptent leurs pratiques de gestion agricole en fonction de la culture, de la variété, de la probabilité de dommages causés par le bétail dans les champs et des variations de fertilité du sol et de topographie. En effet, sur les terres lourdes en bas-fond qui risquent également de connaître des inondations, le sorgho, le maïs ou le riz sont préférés, tandis que sur les terres dunaires plus légères, sablonneuses et pauvres, le mil est privilégié car il a tendance à bien produire dans ces conditions. De plus, autour des étangs et des cours d'eau en fin de saison des pluies, des légumes et du maïs sont plantés (cultures de décrue) car ils peuvent se développer avec l'humidité résiduelle du sol lorsque le niveau d'eau se retire.

Bien que la culture de céréales soit essentielle pour assurer la sécurité alimentaire des populations, la production agricole n'est plus limitée à l'autoconsommation comme le décrivait la narration de la subsistance dans le passé. En effet, le système est largement monétarisé dans ses composantes pastorales et de cultures commerciales, ainsi que dans les activités non agricoles et la migration saisonnière. Cependant, la dégradation de l'environnement, la croissance démographique et l'affaiblissement des moyens de subsistance au fil des décennies, ainsi que les changements climatiques, continuent d'exposer les communautés rurales à des crises récurrentes et à une vulnérabilité chronique. Cependant, ces crises ne sont plus causées par des chocs majeurs tels que les graves sécheresses des années 70 et 80, mais par des événements plus ou moins localisés dans le temps et l'espace, qui contraignent les plus vulnérables à la malnutrition ou à la vente d'équipements, de bétail et de biens fonciers. L'insécurité alimentaire des ménages pendant la soudure (la période entre l'épuisement des stocks alimentaires et la nouvelle récolte) dépend de plus en plus des prix des céréales sur le marché et de la disponibilité locale plutôt que des niveaux de production agricole (Bacci et al., 2009). En effet, les plus pauvres vivent de plus en plus en milieu urbain et périurbain et de moins en moins de l'agriculture, gagnant leur vie par le travail journalier rémunéré, le petit commerce, la vente de bétail ou la migration.

III. DES FAMINES DU SAHEL AUX SYSTÈMES D'ALERTE PRÉCOCE

Le Sahel

Une décennie ne s'était pas encore écoulée depuis l'indépendance de la France (1960) que les six pays d'Afrique de l'Ouest, dans la bande allant de la Mauritanie au Tchad, se trouvaient confrontés à une sécheresse qui touchait directement ou indirectement l'ensemble de la population et qui s'étendait de 1968 jusqu'à fin 1972. La catastrophe, de par son drame et sa dimension supranationale, avait poussé le système des Nations Unies à définir la région comme "le Sahel", à l'origine une définition du domaine bioclimatique de la bande entre le Sahara et la zone soudanaise. Pour la première fois, la combinaison « Sahel et faim » a été découverte en Europe et en Amérique en 1973 grâce aux reportages sur la famine.

Même si la majorité de la population ne vivait pas dans la zone sahélienne proprement dite, le phénomène s'est d'abord déclenché dans cette zone en raison de sa plus grande vulnérabilité avec pour conséquence des migrations précoces des bergers vers le sud avant la récolte du mil et du sorgho par les agriculteurs. La persistance de la sécheresse au fil des années et la consolidation de ces dynamiques négatives ont d'abord conduit à l'épuisement des réserves alimentaires au niveau des villages, à une intensification des conflits entre bergers et agriculteurs et à une migration vers les villes avec la création de camps de réfugiés ainsi que la déstabilisation des zones agricoles les plus productives dans la partie la plus méridionale des six pays (Bonnecase, 2010).

Les années de sécheresse ainsi que les famines étaient certainement des phénomènes déjà présents dans la région avant et pendant la période coloniale. Si pour celles d'avant 1870 il y avait peu d'informations disponibles grâce aux chroniques locales, pour les suivantes il a été possible de reconstituer, grâce à une documentation plus large, une chronologie d'événements tels que : la famine des calebasses de 1870, celle de l'épizootie bovine des années 1888-1894 et par la suite à l'époque coloniale celles des Ize-nere (vente des enfants) 1901-1903, Gande-beeri (poitrine large) 1913-1914, et Dao-jiire (année des criquets) 1931-1932. Dans ce contexte, la famine de 1968-1972 a représenté l'une des crises alimentaires les plus graves du XXe siècle au Sahel de par sa durée, son extension géographique et la population concernée.

Dans son ouvrage *Une Histoire des Famines au Sahel. Étude des grandes crises alimentaires (XIXe-XX^{e}siècles)*, Boureima Alpha Gado (Gado, 1993) identifie trois périodes à plus haut risque au niveau des famines : de 1888 à 1906, de 1912 à 1945, de 1968 à 1985 et souligne que « On oublie trop souvent que les famines sont des problèmes sociaux et qu'elles ne doivent pas être essentiellement considérées comme des problèmes purement techniques ou comme une conséquence inévitable des accidents climatiques » et que « la famine comme facteur de destruction physique de l'homme s'inscrit dans la courte durée ; comme facteur de désintégration morale, elle s'inscrit dans la longue durée car elle agit sur la mentalité des populations et laisse des traces indélébiles ».

Insécurité alimentaire

Dans les années 1970, au Sahel, les zones rurales absorbaient la grande majorité de la population et la sécurité alimentaire était poursuivie avec une stratégie centrée sur l'autosuffisance alimentaire dont l'objectif était une agriculture assurant un équilibre entre production et besoins. Un tel équilibre était cependant exposé à la double dimension de l'insécurité structurelle et conjoncturelle. L'insécurité alimentaire structurelle découle essentiellement de la nature et de l'ampleur de la pauvreté et des dynamiques de développement des six pays car il s'agit davantage d'un problème d'accessibilité à la nourriture dû à la faiblesse des revenus plutôt qu'à la disponibilité sur les marchés. Dans ce contexte, l'insécurité structurelle mine la résilience, c'est-à-dire la capacité relative d'adaptation et de transformation du terroir et la capacité à surmonter les perturbations aléatoires pour retrouver un état d'équilibre. Cependant, l'insécurité conjoncturelle est la conséquence de la combinaison aléatoire, selon les années, de différents événements saisonniers, liés à la tendance climatique de l'année, qui influence l'environnement, et même l'évolution des communautés sahéliennes, et qui détermine le niveau de production agricole et pastorale.

L'insécurité conjoncturelle détermine la vulnérabilité d'un territoire ou d'une communauté à différentes combinaisons d'événements qui, en relation avec sa propre résilience, peuvent conduire de manière cyclique à des crises ou à des ruptures de disponibilité alimentaire plus ou moins limitées dans le temps et dans l'espace (CILSS, 1993). De plus, l'insécurité conjoncturelle est déterminée non seulement par le niveau de production mais aussi par la combinaison entre les cycles de production pastorale et agricole. Dans les bonnes années, ceux-ci sont en synergie tandis que dans les mauvaises années, se génèrent des conflits entre agriculteurs et bergers qui, selon la durée et l'extension, peuvent être des indicateurs du passage d'une crise locale à une crise plus large jusqu'à une échelle régionale. Cela s'est produit dans toutes les situations qui se sont, par la suite, transformées en famines. L'autre aléa qui a parfois contribué à transformer la sécheresse en famine sont les criquets pèlerins, qui en cas de sécheresse peuvent s'agréger en essaims et deviennent un événement dévastateur pour les cultures et imprévisibles dans ses déplacements. L'insécurité conjoncturelle devient particulièrement accrue pendant la période de soudure entre la récolte de l'année précédente et l'arrivée de la nouvelle récolte (au Sahel dans les mois précédant le mois de septembre/octobre pour le mil et le sorgho). Cette période représente la ligne de partage entre une bonne année et des crises locales ou une famine régionale. L'équilibre entre la population et les stocks alimentaires durant la période de soudure est toujours fragile et il est perturbé aussi par les crises politiques ou la diffusion de la sécheresse ou les invasions acridiennes.

Divers phénomènes, depuis l'indépendance, ont favorisé les changements qui, avec la décennie 1973-1984, ont conduit à une transformation du scénario caractérisé par l'expansion des centres urbains et de l'économie de marché. Le premier est la croissance de la population qui, dans le cas du Niger, est passée de 2,5 millions en 1950 à environ 5 millions en 1973 et à environ 7 millions en 1984. Dans le même temps, la production alimentaire n'a pas atteint des taux de croissance équivalents et, de plus, elle a été obtenue en augmentant les surfaces plutôt qu'en augmentant la productivité. En conséquence, le Niger, qui bénéficiait d'importants excédents alimentaires jusqu'à la fin des années 1960, a commencé à connaître des déficits alimentaires à cause de la contraction de 1,3 pour cent par an de la production alimentaire par habitant (Mousseau et Mittal, 2006).

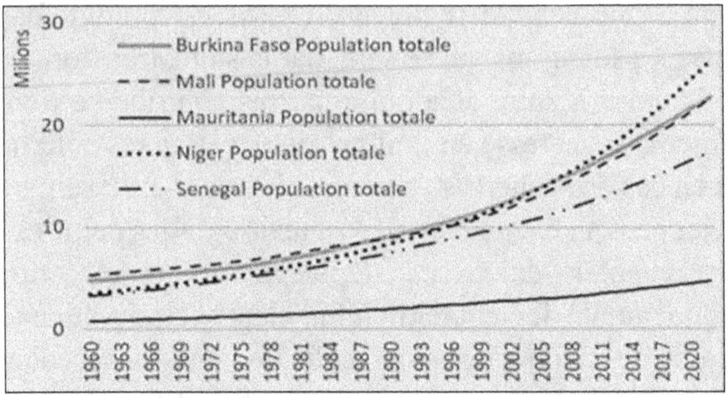

Figure 2. Population des six pays du Sahel en millions d'habitants (data.worldbank.org/)

Les autres pays du Sahel ont également suivi la même dynamique avec des taux de croissance démographique parfois plus faibles, mais avec une production alimentaire qui n'a pas su maintenir un rythme adéquat, ce qui a conduit à une augmentation de l'insécurité structurelle et conjoncturelle tant au niveau local que régional, donc à une plus grande vulnérabilité et une moindre capacité de gestion des crises.

Dans ce contexte, la politique de libéralisation des marchés régionaux menée par les six pays a eu un effet négatif sur l'insécurité structurelle et a rendu les couches les plus pauvres plus vulnérables à la variabilité des prix des céréales.

Les famines de 1973 et de 1984

Une décennie après l'indépendance, la situation économique et sociale des pays du Sahel ne s'est pas tellement améliorée, tant qu'en 1971 le Conseil Économique et Social des Nations Unies a classé le Mali, la Haute-Volta, le Tchad et le Niger parmi les treize pays les moins avancés du monde, avec un produit national brut par habitant inférieur à 100 dollars et un taux d'alphabétisation des adultes inférieur à 10 %. En outre, trois des pays du Sahel, dont le PNB par habitant est le plus élevé de la région (parmi lesquels le Sénégal, 200 dollars), n'ont connu aucune croissance au cours de la période 1960-1970, tandis que la Haute-Volta et le Niger ont connu une croissance négative (Sheets, 1974).

Dans ce contexte, la famine de 1968-73, la première de l'ère postcoloniale, s'est développée au fil du temps sans avoir été perçue par les institutions nationales et internationales mais seulement au niveau local par la population avec l'érosion des réserves familiales et villageoises durant la période de soudure. L'ampleur de la catastrophe à venir ne ressortait pas clairement des statistiques agricoles des Services Agricoles Nationaux pour l'établissement de bilans céréaliers basés sur des données peu fiables et, en outre, agrégées au niveau national, ce qui ne révélait pas la véritable dimension régionale de la famine.

Mais malgré l'incertitude des chiffres, dans les années 1960, les statistiques dessinaient une réalité relativement acceptable (mises à part quelques voix contradictoires) d'une crise limitée, sinon d'autosuffisance alimentaire. En 1971, la FAO estimait que l'Afrique sub-saharienne était passée d'un apport énergétique moyen de 2.120 calories par jour et par habitant en 1961 à 2.190 calories en 1971, soit mieux à cette époque que l'Inde et l'Extrême-Orient. Ces estimations furent remises en cause en 1972, alors que les données statistiques commençaient à indiquer, dans tous les pays du Sahel, une baisse de la production liée à la baisse des précipitations depuis 1968.

Dans les mois qui ont précédé la famine généralisée, à la fin de 1972, l'impact de la sécheresse prolongée était diversement connu et compris par les gouvernements nationaux, le système des Nations Unies et les agences de coopération internationale : Donald S. Brown, directeur général adjoint de l'USAID pour l'Afrique, avait déclaré le 15 juin 1972 à la sous-commission sénatoriale sur l'Afrique que « ... les conditions qui prévalent aujourd'hui au Sahel sont l'effet cumulé de plusieurs années de précipitations insuffisantes, couronnées par une saison particulièrement mauvaise ».

En 1973, la catastrophe devenait évidente au fur et à mesure que les chiffres étaient révisés, à la lumière de données différentes de celles initialement transmises par les Services Nationaux. Au Mali, le déficit céréalier, initialement estimé à 130.000 tonnes en janvier, était réévalué à 260.000 tonnes en avril et 300.000 tonnes en mai. En Haute Volta, certaines estimations situaient le déficit céréalier à 30.000 tonnes, d'autres à 330.000 tonnes. Au Niger, les premières estimations des agents agricoles locaux étaient rapidement apparues comme « trop optimistes », et elles avaient dû être révisées par les préfets à la demande du Ministère de l'Intérieur. Mais – à l'automne 1973 – nonobstant cinq ans de sécheresse, aucun plan d'urgence n'était prêt pour aider les pays du Sahel à faire face à la première grande vague de famine qui les a frappés (Sheets, 1974).

Les autorités nationales des six pays avaient largement sous-estimé ce qui se passait et c'est seulement à la fin du mois de mars 1973 qu'elles lancèrent un appel pour que « le Sahel soit déclaré sinistré par la communauté internationale » (CAD/OCDE, 1974). Cet état d'émergence était nécessaire pour demander une aide internationale pour faire face au manque de réserves alimentaires mis en évidence par les statistiques agricoles, les données épidémiologiques et les indicateurs nutritionnels. À la mi-octobre 1973, plus de vingt pays avaient fourni environ 150 millions de dollars d'aide, les États-Unis étant le principal contributeur avec 50 millions de dollars (Sheets, 1974).

Le lac Tchad avait rétréci jusqu'à un tiers de sa taille normale en 1971, les fleuves Sénégal et Niger étant en de nombreux endroits réduits à des cours d'eau peu profonds. Chaque année, les friches sahariennes se déplaçaient inexorablement vers le sud le long d'une bande de plus de 4000 kilomètres à mesure que les isohyètes de pluie descendaient vers le sud. La descente des bergers vers le sud a commencé dès 1968 au Mali, au Niger et au Sénégal et en 1972 les migrations furent massives et aboutirent dans des camps de réfugiés. Les rapports de diverses missions du système des Nations Unies et de partenaires internationaux estimaient que les pertes de bétail variaient entre 33% au Niger, 80% à la Mauritanie et le quasi-anéantissement au Mali.

À la fin de 1973, on estimait que la famine avait causé 100.000 victimes, au Niger 200.000 personnes dépendaient entièrement de l'aide alimentaire, en Mauritanie il y avait 250.000 personnes démunies et environ 200.000 réfugiés étaient arrivés au Mali en provenance du Niger (Burton, 1998). Le coût humain de cette sécheresse pluriannuelle ne fut pas seulement en vies humaines perdues, mais aussi en destruction des moyens de subsistance de deux millions d'éleveurs qui ont vu leurs chameaux et leurs troupeaux de bétail anéantis. Les nomades survivaient à la famine pour se retrouver confrontés au désespoir, aux maladies et à des approvisionnements alimentaires toujours incertains dans des camps pour réfugiés sordides, installés dans six pays. Pour une région déjà pauvre, cette masse d'humanité éloignée de ses moyens de subsistance et de sa culture représentait un autre fardeau et une source potentielle de troubles sociaux ou politiques pour les générations à venir.

Dans le même temps, les gouvernements du Sahel, dépendants principalement des impôts sur le secteur primaire, ont dû faire face à la pire crise financière, de sorte que, au début de 1973, le directeur général adjoint de la FAO pour les affaires africaines, Moise C. Mensah, a annoncé que la sécheresse avait réduit le produit national brut des six États d'environ 50 pour cent, en les laissant de loin les pays les plus démunis de la planète (Sheets 1974).

Dix ans plus tard la tragédie se répète. Ainsi, la famine de 1984 sera la conséquence de la sécheresse de 1983, causée par un niveau de précipitations inférieur à celui-là connu en 1973. L'ensemble du Sahel est touché et, malgré la création entre-temps de systèmes de surveillance et de gestion des crises aux niveaux national et régional, la vaste sécheresse s'est transformée en catastrophe.

Au Tchad, en raison de la faiblesse des précipitations, le niveau du lac Tchad et des fleuves Chari et Logone était inférieur de 1,5 mètre à celui atteint en 1973 et la sécheresse qui en a résulté a empêché la culture du riz dans les zones irriguées et détruit les cultures dans plusieurs préfectures du Tchad et une réduction significative des rendements dans les régions les plus méridionales du pays. Le Gouvernement avait estimé que 150.000 personnes avaient abandonné les villages et s'étaient déplacées vers les villes et le déficit céréalier s'élevait à 335.000 tonnes, soit plus du double de celui de l'année précédente, auquel il fallait ajouter la reconstitution des besoins en semences pour la campagne suivante. Par ailleurs, la mission FAO/PAM a souligné les limites existantes de la logistique avec seulement 50.000 T de capacité de stockage de céréales au niveau central et les problèmes de sécurité et de transport depuis les ports du Cameroun ou du Nigeria malgré le fait que la Coopération Italienne avait fourni à travers le PNUD une importante flotte de camions pour le transport de l'aide alimentaire internationale au Tchad (FAO, 1984).

Au Mali, déjà en octobre 1983, le gouvernement avait demandé une aide alimentaire et la mobilisation du système des Nations Unies et des ONG présentes pour coordonner la distribution de l'aide et en août 1984, la mission de l'UNDRO avait identifiée le Delta intérieur du fleuve Niger comme la zone la plus touchée par la sécheresse. Dans la région de Gao, pour la deuxième année, le fourrage n'avait pas poussé avec pour conséquence la perte de bétail et la grave crise alimentaire pour 300.000 personnes. La mission de coordination et de distribution de l'aide, qui a suivi en octobre 1984, a reconnu que 1,5 million de personnes étaient touchées (UNDRO, 1984). En plus, au Mali, une épidémie de choléra a démarré en juillet 1984 dans la région de Gao pour se propager en novembre 1984 dans cinq des sept régions du Mali. Les régions les plus touchées par la sécheresse, Tombouctou, Gao et Mopti, ont enregistré les taux d'attaque les plus élevés avec presque 1.000 cas (Tauxe et al., 1988).

À partir de 1985, le Sahel sort de la dimension régionale de la sécheresse et les crises qui se transforment en famine auront une dimension nationale, comme au Niger en 2005. En effet, les conditions climatiques s'améliorent progressivement même si caractérisées par des changements climatiques importants. En 1985, les conditions des cultures et des pâturages se sont beaucoup améliorées, grâce à des précipitations normales à supérieures à la normale au Tchad, au Mali, et au Burkina Faso. Ces précipitations cependant ont entravé les distributions de l'aide alimentaire, mais d'autre part ont accru le potentiel de rendement des cultures, ce qui a porté à une atténuation des pénuries alimentaires à la fin de l'année. Les conditions des cultures sont restées normales à supérieures à la normale au Mali, au Burkina, et au Tchad. Les conditions en Mauritanie, au Sénégal, en Gambie et au Cap-Vert sont restées quelque peu défavorables en raison d'un début tardif de la saison des pluies, mais des précipitations abondantes pendant le reste de la saison ont finalement produit des rendements moyens. Les conditions pastorales dans toute la région se sont nettement améliorées à partir de juin, même si elles sont restées inférieures à la normale au Niger, au Sénégal et en Gambie.

La coopération internationale

Grâce aux images et aux reportages largement diffusés, la famine dramatique de 1974 au Sahel et dans la Corne de l'Afrique a vu grandir la solidarité au niveau mondial, avec un fort engagement du système de coopération et des associations pour apporter de l'aide aux populations touchées. Ce contexte s'est encore renforcé au cours des dix années suivantes jusqu'à la famine de 1983-84, qui s'est également étendue à la Corne de l'Afrique. Des pays non traditionnellement présents au Sahel, comme l'Italie, ont alors pris un engagement financier (700 milliards de lires pour la lutte contre la faim dans le monde) et cette mobilisation a atteint une dimension mondiale le 13/07/1985 avec le concert « Live Aid for Africa » diffusé en directe dans 110 pays à plus d'un milliard de personnes.

La réponse à l'appel des gouvernements des 6 pays en 1973 a permis la mobilisation d'une masse importante d'aide et l'installation dans les pays d'une multitude d'ONG et de centres de recherche parallèlement à la naissance d'institutions locales similaires qui constitue un exemple de solidarité. La collaboration entre institutions internationales et nationales a fait émerger une réalité méconnue et fragile du monde rural et des dynamiques qui régulaient l'équilibre entre agriculture et pastoralisme et a facilité le développement d'une connaissance partagée des problèmes et des contraintes au développement. Par ailleurs, les pays eux-mêmes ont reconnu la nécessité d'une coordination des institutions nationales et internationales, ce qui a conduit à la création d'un cadre politique partagé de solidarité entre les pays du Sahel et les pays qui ont assuré l'aide. Ce soutien financier, opérationnel, technologique et scientifique a conduit à la création de :

- 1973 : Comité Interétatique de Lutte contre la Sécheresse au Sahel (CILSS) comme institution de référence pour une politique régionale en matière de sécurité alimentaire entre 5 pays d'abord (Sénégal, Mali, Burkina Faso, Niger et Tchad) successivement élargi aux 13 pays actuels.
- 1974 : Centre Régional AGRHYMET institution spécialisée du CILSS supporté par FAO et OMM, en collaboration avec et les Institutions de recherche internationales. Le mandat d'AGRHYMET est d'assurer la formation de techniciens supérieurs et d'ingénieurs en agrométéorologie et en hydrologie, de collecter et d'analyser à l'échelle régionale

les données recueillies par les réseaux nationaux, d'assurer le suivi agrométéorologique et hydrologique du Sahel (par la suite dans tout l'espace CEDEAO) et de fournir aux services nationaux de l'agriculture et de l'élevage des alertes sur la situation météorologique et hydrologique. Le Centre régional travaille aussi au renforcement des services météorologiques et hydrologiques nationaux dans les pays membres. AGRHYMET est représenté dans les pays membres du CILSS par le CONACILSS (Comité National du CILSS). Le Centre Régional pour l'alerte précoce, la prévision et gestion des crises alimentaires et le suivi des cultures et de l'environnement et l'assistance aux Services de la Météorologie Nationale des pays.

- 1985 : À la demande des ministres du CILSS à Nouakchott, les secrétariats du CILSS et du Club du Sahel ont réuni des experts des agences de coopération pour examiner les moyens de répondre aux crises possibles et aux besoins futurs (à savoir, le Club du Sahel est un forum international créé pour promouvoir la coopération et le développement économique dans la région du Sahel en Afrique. Il a été créé en 1976 par l'Organisation de Coopération et de Développement Économiques en collaboration avec d'autres partenaires internationaux). C'est ainsi qu'est né le Réseau de Prévention des Crises Alimentaires au Sahel (RPCA), conçu comme un forum d'échange et de réflexion libre et informel, de comparaison et d'analyse d'informations, un espace de concertation sur les actions à mener en cas de crise (CILSS, 1993).

Par ailleurs, dans la même période, la coopération internationale a favorisé la mise en place de :

- 1985 : Le Famine Early Warning System Network (FEWSNET) est le Réseau d'alerte précoce contre la famine créé en 1985 par l'USAID à la suite de famines dévastatrices en Afrique de l'Est et de l'Ouest. FEWS NET a été et est toujours un acteur majeur dans la fourniture d'alertes

précoces et d'analyses sur l'insécurité alimentaire aiguë aux décideurs gouvernementaux et aux agences humanitaires en Afrique de l'Ouest. FEWS NET soutient également la formation et le renforcement des capacités des systèmes nationaux d'alerte précoce, des services météorologiques et d'autres organismes. FEWSNET opère dans de nombreux pays en Afrique. Le programme fournit aux décideurs des informations pour réagir efficacement aux menaces de sécheresse et de famine en analysant les données de télédétection et les données météorologiques au sol produites dans les pays, ainsi que les observations des cultures et des pâturages, les prévisions climatiques saisonnières, afin d'identifier les premières indications potentielles de famine.
- 1987 : Le Centre africain pour les applications de la météorologie au développement (ACMAD) a été créé en 1987 par la Conférence des ministres de la Commission économique des Nations unies pour l'Afrique (UNECA) et l'Organisation météorologique mondiale (OMM). L'ACMAD est opérationnel depuis 1992. La mission de l'ACMAD est de fournir des données et des produits météorologiques, climatiques et environnementaux pour un développement socio-économique durable en Afrique. L'ACMAD, en collaboration avec les SMHN, les institutions internationales et les partenaires de développement, organise les forums régionaux sur les perspectives climatiques (RCOF) en Afrique de l'Ouest.

Les systèmes d'alerte précoces

Le Système d'Alerte Précoce (SAP) que le CILSS et ses partenaires ont développé dans les années 1980 et 1990 se base sur trois composantes complémentaires :

- un réseau d'information opérant au niveau régional et national impliquant les services techniques nationaux et les organisations internationales afin d'assurer la veille agrométéorologique et hydrologique, produire et diffuser des

informations cohérentes et intégrées sur la sécurité alimentaire de la population ;
- une coordination régionale-nationale, dirigée par le CILSS, pour faciliter le dialogue, la consultation et la coordination entre les partenaires ;
- un organe de secours chargé de gérer les activités d'urgence au niveau national.

La gestion de la famine de 1984 a mis en évidence la contribution positive du CILSS et du centre AGRHYMET, en termes de coordination, de production et de circulation des informations mais, en même temps, elle a souligné la persistance de contraintes dans la prévention, la prévision et la gestion des famines régionales.

La complexité de la gestion de la famine est due à la nécessité de produire des prévisions de crise fiables et à l'échelle appropriée pour mobiliser l'aide à une date compatible avec les contraintes de temps, donc en cohérence avec la période de soudure sur un territoire particulièrement vaste (4.000 km) allant de la Mauritanie au Tchad. Par ailleurs, la multitude d'acteurs doivent se coordonner pour d'une part éviter la dispersion ou chevauchement de l'aide et d'autre part, plus important encore, éviter de distribuer l'aide alimentaire à une période de l'année qui pourrait nuire à la production locale. L'objectif est en effet de garantir que l'aide alimentaire ainsi que les stocks locaux et nationaux assurent la couverture de la période de soudure, dans l'hypothèse d'une bonne récolte lors de la campagne suivante. La création du RPCA en 1985 répond à la nécessité de renforcer la coordination dans les différentes phases depuis la prévision jusqu'à la gestion d'une famine même si heureusement dans les années suivantes le Sahel n'a plus eu à faire face à une crise régionale issue de la sécheresse mais seulement dans quelques cas à de crises nationales ou locales.

Vingt ans après la création du CILSS, en novembre 1994 au centre AGRHYMET, la Conférence Internationale *Alerte Précoce et Suivi de l'Environnement* promue par le CILSS, l'OMM et la Coopération Italienne a réuni plus de 120 représentants des institutions sahéliennes et internationales, des agences des Nations Unies et de la Communauté scientifique internationale pour évaluer les différentes stratégies et SAP développés dans le Sahel à partir du 1973 et les leçons apprises durant la famine du 1984. La conférence a permis l'échange d'expériences et a reconnu la nécessité d'une évolution de la stratégie d'AGRHYMET pour l'harmonisation des multiples systèmes d'alerte et des filières de production et de diffusion de l'information. Enfin, la conférence a recommandé de « changer la logique d'alerte précoce pour les besoins d'urgence en faveur d'une stratégie plus globale de gestion de l'information dans une optique de développement durable ». En effet, la notion de sécurité alimentaire va au-delà de celle plus restrictive d'aide alimentaire (WMO, 1994). Ainsi, dans un premier temps, deux visions différentes se sont développées puis elles ont été intégrées dans une stratégie d'alerte précoce plus efficace :

- la première « bilans céréaliers » vise l'insécurité structurelle en termes de revenus familiaux globaux est basée sur la disponibilité et l'accessibilité à travers le suivi des stocks de sécurité à différents niveaux, des prix des marchés et de l'aide alimentaire structurelle ;
- la seconde « suivi campagne » surveille l'insécurité conjoncturelle, notamment pour les zones de transition vulnérables, résultant d'un déficit de production céréalière en fonction de l'évolution climatique et du potentiel de production du territoire.

Alors que la première donnait la priorité au niveau régional et national, la seconde était axée sur le niveau territorial local qui, toutefois, demandait un engagement important des services nationaux de météorologie, d'agriculture et d'élevage. La nouvelle approche demandait un système composé par le centre AGRHYMET et les Services Météorologiques Nationaux (SMN) et le renforcement de ces derniers en tant que terminaux d'un réseau national efficace de collecte de données et d'informations et d'assistance au niveau local.

Le suivi de la campagne agricole

L'extraordinaire convergence des initiatives en faveur du Sahel – grâce au soutien financier, au fil des années, d'un groupe consolidé de partenaires (États-Unis, France, Italie, Canada, Union Européenne), auquel d'autres se sont ajoutés à travers les Agences des Nations Unies (FAO, OMM, PAM, PNUD) – a eu un impact extraordinaire sur les services techniques des pays. Ceux-ci sont passés d'une situation d'isolement physique et de communication et d'un niveau technologique typique de la période coloniale au début des années 1970 à devenir en Afrique parmi les plus avancés et technologiquement efficaces au début des années 2000.

Cette évolution rapide a également été rendue possible par la révolution de la fin des années 1980, quand les technologies de l'information, des communications et des satellites ont pris du champ. Initialement, elles étaient réservées au personnel spécialisé, détaché au centre AGRHYMET, qui disposait de « workstation » pour traiter les quelques données disponibles par radio ou transmis sur papier ou par le satellite avec une résolution de 10 km provenant de leurs propres centres situés en dehors du Sahel. Vers l'an 2000, lorsque les ordinateurs personnels étaient désormais disponibles auprès des Services Techniques Nationaux, les satellites avaient une résolution de l'ordre des mètres, les données revenaient via les téléphones portables ou via internet et les bulletins d'alerte étaient transmis via internet et non plus imprimés.

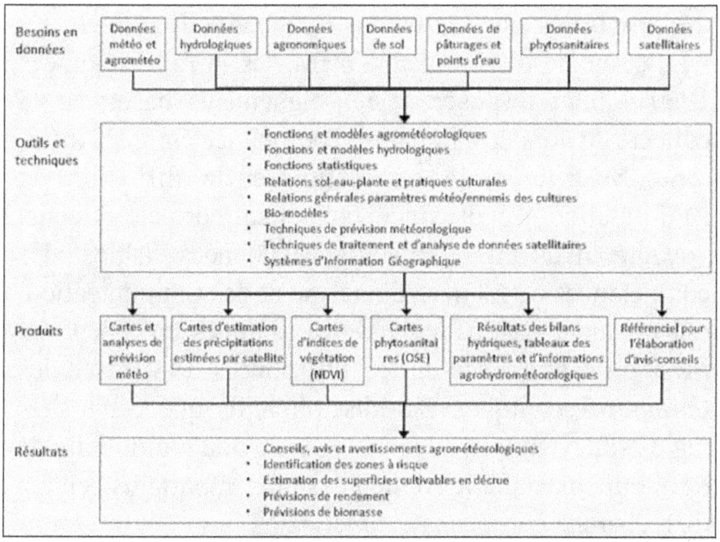

Figure 3. Le suivi agro-hydro-météorologique auprès d'AGRHYMET

Dans ce contexte, le suivi de campagne agricole a été initialement conçu pour fournir une prévision fonctionnelle à l'évaluation et à la mobilisation de l'aide alimentaire avec les activités concentrées au centre AGRHYMET. Ensuite, grâce à l'évolution technologique et au support de l'OMM, l'approche du suivi de la campagne agricole a été transféré au niveau national avec la création des SAP afin d'assurer la surveillance des conditions agro-hydro-météorologique et à évaluer leur impact sur les cultures et les pâturages. « Ce suivi permet non seulement d'identifier, tout au long de la campagne agricole, les zones où existent des risques de réduction de la production, mais aussi de produire une estimation qualitative voire même quantitative de la production assez tôt avant la récolte » (Konate, 1994). Ces informations, intégrées aux résultats d'autres indicateurs provenant des « bilans céréaliers », permettaient de faire des pronostics sur la situation alimentaire des pays.

La stratégie définie par l'OMM dès la fin des années 1960 – pour disposer de renseignements basés sur la collecte de données, l'analyse coordonnée entre les différents Ministères, la production et la diffusion de l'information – était conceptuellement correcte et clairvoyante, mais elles exigeait des données fiables, des compétences en matière d'analyse et de communication, qui n'étaient pas, à l'époque, disponibles au Sahel. Ce n'est qu'à partir du milieu des années 1980 avec les Groupes Techniques Pluridisciplinaires que cette stratégie est devenue opérationnelle avec une multiplicité de développements et le soutien des plus importants centres de recherche européens et américains.

Dans ces années, dans tous les pays du CILSS, les Groupes de Travail Pluridisciplinaires (GTP) sont créés sous les auspices d'AGRHYMET et des CONACILSS. Les GTP constituent un outil inclusif pour le développement, la diffusion et l'adoption des SAP nationaux. Les GTP sont chargés de fournir des informations opportunes et fiables sur l'état des cultures pluviales et les conditions agro-hydro-météorologiques pour soutenir les processus de prise de décision à plusieurs niveaux, des agriculteurs aux parties prenantes nationales et internationales. Les membres des GTP comprennent l'ensemble des services techniques et de vulgarisation de l'État dans le domaine de l'agriculture, l'environnement et les ressources en eau. La mission des GTP était d'assurer la surveillance étroite des phénomènes climatiques et d'alerter en temps opportun les structures compétentes afin de prévenir les risques potentiels.

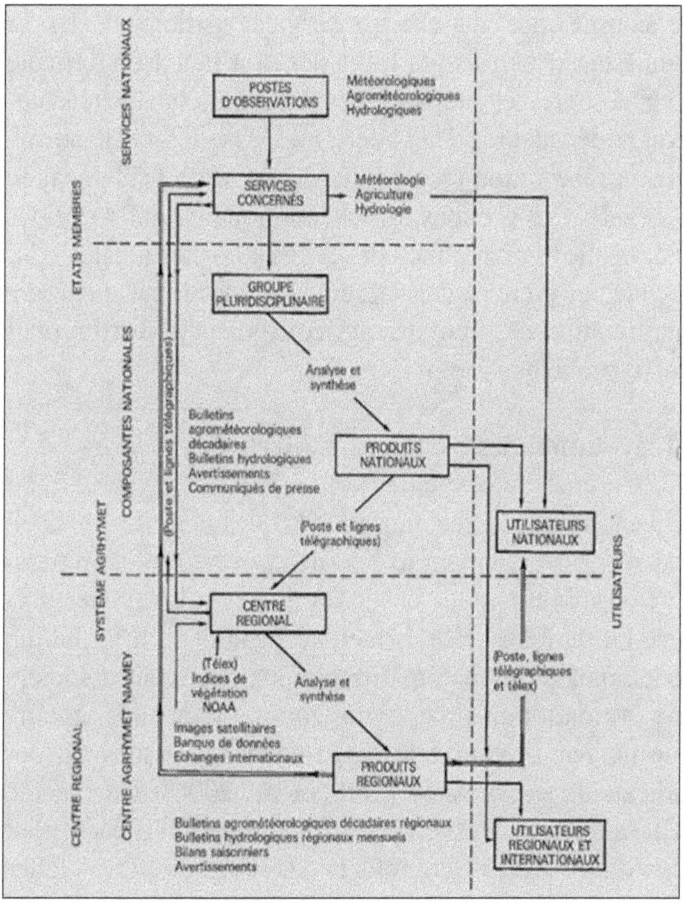

Figure 4. La circulation de l'information dans le système AGRHYMET (Domergue et al., 1987)

Les services chargés de la météorologie, des ressources en eau, de l'agriculture, de la foresterie, des médias et de la protection civile participent aux activités et aux réunions des GTP. Ils reçoivent des informations météorologiques telles que les prévisions saisonnières, hebdomadaires et de court terme du service météorologique et adaptent ces informations en fonction des mises à jour de la réalité sur le terrain concernant les domaines de compétence de chaque service participant. Ils se réunissent trois fois par mois pendant la saison agricole pour discuter et préparer des bulletins agrométéorologiques décadaires. Dans certains pays, les GTP ont eu une représentation locale (GLAM au Mali, GTP local au Sénégal). Ces groupes locaux impliquent également des organisations de producteurs et des autorités locales pour discuter et prendre des mesures en vue d'une meilleure planification des activités agricoles dans le district pour les 10 prochains jours.

L'évolution des Systèmes d'Alerte Précoce

Jusqu'au début des années 2000, les activités du SAP étaient principalement axées sur la disponibilité alimentaire en surveillant les saisons agricoles et les événements agro-climatiques. Le principal produit d'information concernait le bilan céréalier national, souvent associé à une évaluation qualitative des zones à risque alimentaire fournie par des modèles agro-météorologiques ou des indicateurs composites (Tefft et al. 2006). Cependant, cette approche s'est avérée obsolète et inefficace pour identifier des crises complexes à sources multiples, telles que celle du Niger en 2005 (Cornia et Deotti 2008 ; Vallebona et al. 2008). Un modèle conceptuel visant à intégrer des données multidisciplinaires et à harmoniser la circulation de l'information au sein du SAP existant a été fourni par le Calendrier de Prévision des Crises

Alimentaires (CPCA), développé par le centre régional AGRHYMET de Niamey, au Niger, en collaboration avec l'OMM et ses partenaire (Annexe A.4). Le CPCA a été conçu pour répondre aux besoins des décideurs en matière d'alerte en fonction de l'ampleur de la crise alimentaire (locale, nationale ou régionale), de la capacité de résilience de la population touchée et de la quantité d'aide alimentaire nécessaire (Bacci et al. 2009). Cette approche a ensuite été transférée et mise en œuvre de manière opérationnelle dans le Cadre Harmonisé pour l'analyse et l'identification des zones à risque et des groupes vulnérables au Sahel, établi par le CILSS en collaboration avec les organisations nationales et internationales impliquées dans le Réseau de Prévention des Crises Alimentaires au Sahel (RPCA). Le Cadre Harmonisé est un processus visant à parvenir à un consensus technique et à améliorer l'information générée par les systèmes d'information existants afin d'évaluer l'insécurité alimentaire et nutritionnelle de manière objective et consensuelle (CILSS, 2014). Depuis 2013, la Communauté Économique des États de l'Afrique de l'Ouest (CEDEAO) a choisi le Cadre Harmonisé comme principal cadre de référence pour l'analyse de la sécurité alimentaire dans 16 pays d'Afrique de l'Ouest. Ce cadre fournit des outils pour la classification, l'analyse et le rapport sur l'insécurité alimentaire, ainsi que des approches communes pour la surveillance, les évaluations, la collecte de données et la gestion de bases de données (Vignaroli, 2017).

Le mécanisme de réponse

En ce qui concerne la réponse aux crises, en 1985, les partenaires internationaux discutent aussi le plan ORSEC (Organisation de la Réponse de Sécurité Civile) pour la planification des actions en vue d'une gestion efficace et efficiente de la distribution de l'aide alimentaire dans une crise régionale. Le plan comprenait cinq actions : *i)* identification des besoins, *ii)* envoi de l'aide alimentaire par les différents partenaires, *iii)* débarquement aux ports africains plus proches des zones de crises, iv) transport dans les pays et v) distribution aux populations touchées.

Ce plan ORSEC a dû constater que, après l'identification de la demande, le délai nécessaire pour l'acheminement et la distribution de l'aide dans la région – à cause de la modeste capacité d'absorption des ports et des systèmes de transport (4 mois pour les livraisons à N'Djamena) – était tel qu'il aurait fallu disposer de prévisions sur la sécurité alimentaire relatives aux mois de mai et juin (avant le début de la campagne agricole), impossibles à obtenir avec les technologies disponibles à l'époque.

De même, la proposition de créer des stocks régionaux de sécurité avait été abandonnée en raison des coûts élevés liés au renouvellement annuel de 30% des céréales stockées et de l'impact qu'une telle masse aurait eu sur la production locale. Afin de réglementer la gestion de l'aide alimentaire en 1990 dans le cadre du RPCA, les pays du CILSS et les membres du Club du Sahel ont établi la Charte de l'Aide Alimentaire qui fixe les objectifs et les modalités d'acheminement et de distribution de l'aide alimentaire (CILSS, 1990).

IV. LES INNOVATIONS TECHNOLOGIQUES DES ANNÉES 1990

Comme on l'a vu dans le chapitre précédent, à partir du milieu des années 1980, les applications agrométéorologiques ont commencé à se développer dans les pays du Sahel avec le soutien de l'OMM et de certains donateurs (par exemple, au Mali, grâce à la coopération suisse, voir encadré 1). Pendant cette période, il y a eu un grand élan pour la météorologie appliquée à l'agriculture, avec un double but. D'un côté, il y avait la nécessité de prévoir les crises alimentaires et donc la prévision agrométéorologique, le suivi du développement des cultures et la prévision des rendements étaient vu comme éléments clés pour la prise de décision sur la gestion des crises, la mobilisation de l'aide internationale de la part des gouvernements et des Organisations internationales. De l'autre côté, il y avait l'idée d'une science répandue au profit des petits agriculteurs, pour fournir avis et conseils pour réduire les risques climatiques dans le champ. Dans les deux cas, s'appliquait le principe que Cummings avait déjà remarqué en 1977, à savoir que de nombreuses mesures météorologiques pourraient ne pas nécessiter un haut degré de précision alors qu'une plus grande diffusion de mesures de faible précision pourrait être plus utile, ouvrant la voie à la science ouverte aux agriculteurs et aux pluviomètres paysans. Les années 1990 ont été marquées par une nette amélioration des technologies utilisées en agrométéorologie, grâce notamment aux énormes progrès réalisés dans le domaine de l'informatique. Il suffit de dire qu'au début des années 1990, la puissance de calcul des stations de travail SUN utilisées dix ans plus tôt a été égalée par les ordinateurs personnels IBM.

Les nouveaux outils : modèles, télédétection et SIG

Dans les années 1990, grâce notamment à l'introduction des technologies de l'information, le développement de la modélisation agrométéorologique a connu un essor important, visant d'une part le suivi des cultures et d'autre part la prévision des rendements dans une optique de sécurité alimentaire. Cette opportunité a d'abord été saisie par les centres régionaux tels que AGRHYMET et ACMAD, qui disposaient des ressources et de l'expertise nécessaires pour mettre en œuvre un suivi à grande échelle. Depuis le début des années 1990, le centre régional AGRHYMET a été à l'avant-garde du développement et de l'application de la modélisation agrométéorologique pour la surveillance des cultures et la prévision des crises alimentaires en Afrique de l'Ouest. Dans ce contexte, il faut noter le développement de deux philosophies de prévision des résultats de la campagne agricole :

- La première utilisait des modèles de croissance du mil et du sorgho, à partir de modèles développés en Europe pour les céréales, en principe plus précis dans les résultats nécessitait une base de données de référence importante qui n'était pas toujours disponible.
- La seconde était basée sur la valeur moyenne de la réduction du rendement attendu en fonction de l'impact sur la production de l'évolution climatique dans les phases qui déterminent le rendement dans le but de prédire les zones du pays à risque.

Parmi les différents modèles développés grâce à des collaborations scientifiques avec des institutions européennes, citons comme exemple les modèles DHC et SarraH développés en collaboration avec le CIRAD français, ainsi que les modèles SISP et ZAR développés en collaboration avec l'Accademia dei Georgofili et le Conseil National des Recherches (Italie). Pour les détails techniques, on renvoie à l'Annexe A.1.

Le modèle de diagnostic hydrique des cultures (DHC), basé sur la simulation du bilan hydrique du sol, a été utilisé à AGRHYMET pour simuler les dates de début de saison, les indices de satisfaction des besoins en eau et les rendements potentiels des cultures (Traoré et al., 2014). Ce modèle a été initialement alimenté en données par les précipitations quotidiennes provenant du réseau régulier des pays membres du CILSS et ultérieurement également par des estimations des précipitations à partir des images infrarouges de METEOSAT avec la version DHC-CP. Les sorties du modèle étaient présentées dans les bulletins de suivi agrométéorologique de AGRHYMET qui étaient distribués aux pays membres. DHC a été utilisé aussi par les SMN jusqu'en début des années 2000. SARRA-H, en revanche, n'a pas été utilisé de manière opérationnelle par les Services Nationaux, car il demandait trop de données en *input* et sa manipulation était plutôt complexe.

Le Système Intégré de Suivi et Prévision des rendements (SISP) a été développé, sur la base de plusieurs années d'essais sur des parcelles expérimentales, pour les SMN. Étant son apprentissage simple par l'usager et demandant un nombre très limité de données d'entrée, le SISP a été utilisé de manière opérationnelle par le SMN du Niger jusqu'aux années 2000. Il était utilisé pour suivre l'évolution du mil et en estimer les rendements potentiels. Ses produits étaient utilisés par le GTP pour produire les bulletins agrométéorologiques décadaires. Le ZAR (Zones à Risque) permettait de déterminer les zones à risque à l'échelle territoriale en utilisant l'imagerie satellitaire. Le ZAR a été utilisé de manière opérationnelle tant par le centre AGRHYMET que par les SMN jusque dans les années 2010.

La FAO a aussi contribué largement au développement de modèles agrométéorologiques soit à travers le développement de méthodes et des procédures pour calculer les paramètres agrométéorologiques clés pour la simulation de la croissance des cultures (Evapotranspiration, coefficients culturaux) à travers ses « Irrigation and Drainage Papers » (FAO 24, FAO 33, FAO 56, etc.) soit développent des modèles comme CROPWAT (FAO 46), AQUACROP (FAO 66). Les modèles CROPWAT et puis AQUACROP ont été utilisés de manière non opérationnelle soit par AGRHYMET soit par certains Services Nationaux pour des études ponctuelles.

Une deuxième grande innovation maturée dans les années 1980 et puis généralisée à partir de la fin des années 1990 a été l'introduction de la télédétection en agrométéorologie. Jusqu'en 1985, le suivi de l'état de la végétation (et en particulier de celui des cultures) se faisait, dans le système AGRHYMET, exclusivement à l'aide d'observations au sol effectuées par plusieurs opérateurs travaillant sur le terrain qui utilisaient la *fiche 01* (Domergue et al., 1987).

Les informations transmises au niveau de chaque composante nationale AGRHYMET, par les voies les plus rapides possibles, servaient à assurer le suivi de la saison des pluies et à élaborer à travers le GTP (Groupe de Travail Pluridisciplinaire) AGRHYMET un Bulletin Agrométéorologique Décadaire National. Ces mêmes informations recueillies sur le terrain étaient transmises, après codage, par voie télégraphique au centre AGRHYMET à Niamey (fig. 4 - p. 59) qui avait pour mission d'en tirer une synthèse à l'échelle régionale.

Ces procédures de collecte de données étaient efficaces mais limitées par la densité du réseau d'observation au sol ne permettant pas une représentativité spatiale adéquate du déroulement de la campagne agricole ; la faiblesse des moyens de communication à l'intérieur de certains États limitant la régularité et à la quantité des informations reçues, la qualité des informations. Dans un tel contexte, l'utilisation des outils satellitaires est apparue depuis les années 1980 très séduisante pour résoudre tous les problèmes d'interpolation, de représentativité et de continuité des données pour la surveillance des surfaces agricoles et pastorales. Donc, à partir de la saison des pluies 1986, AGRHYMET a décidé d'introduire dans le système opérationnel l'imagerie Météosat 2 dans le cadre du suivi opérationnel des amas nuageux des saisons des pluies et les indices de végétation calculés avec les mesures du satellite NOAA pour le suivi des cultures et des pâturages. En 1987, une station de réception NOAA a été installée au centre AGRHYMET et, à partir de 1991, AGRHYMET a commencé à diffuser les images dans les pays du CILSS pour le suivi agrométéorologique. Comme on l'a déjà vu, dans les années 1990, les images satellitaires ont été utilisées de manière opérationnelle grâce aux modèles agrométéorologiques et aux Systèmes d'Information Géographique (SIG) qui ont représenté un autre important élément d'innovation en agrométéorologie appliquée. Cette technologie s'est progressivement répandue. Au début, elle n'était disponible que dans les grands centres de recherche et nécessitait de grandes capacités de calcul et de stockage qui n'étaient pas très fréquentes à l'époque, mais elle est ensuite devenue un outil de travail largement utilisé, même dans les SMN et les centres de recherche. L'introduction opérationnelle de l'imagerie satellitale pour le suivi des cultures en Afrique de l'Ouest dans les années 1990 a marqué une avancée technologique majeure, car il a permis de surveiller de manière plus précise et continue (dans le temps et dans l'espace) l'évolution des cultures, la disponibilité d'eau, les conditions météorologiques, ainsi que l'occupation et la couverture des sols. Dans les années 1990, plusieurs satellites et capteurs ont été utilisés pour le suivi des cultures en Afrique de l'Ouest, marquant le début de l'utilisation de l'imagerie satellitaire à des fins agricoles dans la région. Les principaux satellites et capteurs utilisés dans cette période sont décrits dans l'Annexe A.2. Aujourd'hui, tout le monde peut utiliser la télédétection avec un ordinateur personnel normal, grâce aussi à de nombreuses applications sur le web.

Toutes ces données spatiales n'étaient pas faciles à gérer et analyser, jusqu'à l'introduction des Systèmes d'Information Géographique. Ces systèmes ont permis de comprendre et résoudre des problèmes géographiques complexes à travers l'analyse spatiale et la production de cartographie. Dans les années 1990, les SIG ont commencé à intégrer des données provenant de diverses sources, telles que la télédétection, améliorant la visualisation et l'analyse géospatiale. L'apparition des logiciels commerciaux a ainsi facilité l'accessibilité aux SIG grâce à leurs interfaces conviviales et à leurs fonctionnalités avancées de cartographie et d'analyse spatiale (pour plus de détails, consulter l'Annexe A.3

ENCADRÉ 1. *Alerte Précoce et Prévision des Productions Agricoles - AP3A*

Le projet AP3A (Alerte Précoce et Prévisions des Productions Agricoles) est le fruit d'une initiative conjointe du CILSS (Comité permanent Inter-États de Lutte contre la Sécheresse dans le Sahel), de l'OMM (Organisation Météorologique Mondiale) et du Ministère des Affaires Étrangères d'Italie, qui visait à renforcer les capacités des pays du Sahel et de l'Afrique de l'Ouest en matière de suivi et d'analyse de la situation agrométéorologique pour la prévention et la gestion des crises alimentaires au niveau national et régional.

Le projet a débuté en 1995 et il a connu deux phases successives : la première phase (1995-1998) a porté sur la mise en place d'une base de données régionale des principaux paramètres agro-climatiques et socio-économiques en vue de leur intégration dans un Système d'Information Géographique (SIG) pour l'identification et la caractérisation au niveau sous-national des zones à risque d'insécurité alimentaire dans quatre pays test du CILSS (Burkina Faso, Mali, Niger et Sénégal). La deuxième phase (1999-2002) a visé à consolider le système d'information et les outils de suivi de la campagne agro-pastorale pour l'ensemble des pays du CILSS ainsi qu'à renforcer les capacités d'analyse des SAP, des Services Techniques Nationaux (CNA) et du Centre Régional AGRHYMET (CRA) pour la production d'information utile à la prise de décision en situation de crise. Le cœur du système développé par le Projet est le SIAP (Système Intégré pour l'Alerte Précoce) composé des 4 modules suivants :

- le Système de Gestion de Base de Données (SGBD) socio-économiques et climatiques ;
- le Système d'Analyse Territoriale (SAT) pour l'intégration et l'analyse des données issues du SGBD et leur représentation dans différents formats (cartographique et tabulaire) ;

- le Système pour l'Analyse Conjoncturelle (SAC) pour le suivi de la campagne agricole et l'identification des zones à risque d'insécurité alimentaire courante ;
- la Procédure de Représentation de la Vulnérabilité Structurelle (PRVS) pour évaluer la capacité des différents systèmes de productions de faire face à une situation de risque.

Pour sa conception et mise en œuvre, le projet AP3A présente plusieurs aspects innovants, qui ont contribué à marquer une évolution importante dans les systèmes d'alerte précoce pour la prévention et la gestion des crises alimentaires au Sahel et qui ont ensuite été reprises par d'autres initiatives mises en place dans la région:

- L'approche basée sur le concept de risque et de vulnérabilité par système de production qui permet une meilleure appréciation de l'impact engendré par un choc, principalement d'ordre climatique, en raison de l'intensité du phénomène, de sa durée, des caractéristiques structurelles des zones exposées ainsi que des dynamiques en cours.
- L'utilisation d'un SIG et d'une base de données régionale harmonisée pour collecter, traiter, analyser et diffuser les données agro-climatiques et les indicateurs de sécurité alimentaire. Ce système permet de produire des cartes thématiques, des graphiques, des tableaux et des rapports sur la situation agro-pastorale et alimentaire au niveau régional dans les pays du CILSS.
- Le développement d'outils de prévision des rendements des productions agricoles et des pâturages basés sur des modèles agrométéorologiques, intégrant les données satellitaires pour un suivi en temps réelle des conditions des cultures et de l'évaluation de la campagne agro-pastorale, même dans des zones éloignées ou enclavées qui ne disposent pas de données collectées par un réseau de station à terre.
- Le renforcement des capacités des Systèmes Nationaux d'Alerte Précoce et du centre régional AGRHYMET en

matière de suivi et d'analyse de la situation agro-climatique et de la sécurité alimentaire. Le projet a organisé des formations, des ateliers, des échanges d'expériences avec les services techniques, les bénéficiaires et les parties prenantes pour améliorer la qualité et la fiabilité des informations produites et diffusées.
- La promotion d'une approche participative et concertée entre les différents acteurs impliqués dans le domaine de la sécurité alimentaire, tels que les services techniques nationaux, les organisations régionales, les institutions internationales, les ONG, les médias, les associations des producteurs. Dans ce sens, le projet a favorisé le dialogue, la coordination, la collaboration et la synergie entre ces acteurs pour une meilleure prise de décision en matière de gestion de l'aide alimentaire.

Les nouveaux produits :
les prévisions climatiques saisonnières

En plus des outils dont on vient de parler, les années 1990 ont connu également l'utilisation généralisée de produits de la recherche météorologique et climatique en agrométéorologie et hydrologie opérationnelles. Parmi les produits d'information qui au fil du temps ont reçu plus d'attention de la part des usagers, il y a les prévisions climatiques saisonnières. Elles représentent un exemple important de produit agrométéorologique qui est le résultat d'un effort scientifique conjoint de centres de recherche et SMN et centres et organisations internationaux. Déjà en 1977, Glantz (1977) avait noté que des prévisions météorologiques fiables à long terme, en particulier les précipitations, pourraient être utilisées pour améliorer les calendriers de plantation, la gestion du bétail et pour solliciter une assistance internationale avant les pénuries alimentaires. Par la suite, Stern et

Sivakumar (Stern et al., 1982 ; Sivakumar, 1988), en travaillant sur l'impact des précipitations en agriculture, ont souligné la nécessité de prévisions de précipitations saisonnières pour l'évaluation et la gestion de la production agricole. L'idée de base était que la prévision climatique saisonnière pourrait fournir aux agriculteurs des informations sur les conditions météorologiques attendues au cours des mois à venir. Cela pouvait aider les agriculteurs à planifier leurs activités de plantation, d'irrigation et de récolte, ainsi que les gouvernements et les donateurs à planifier des interventions visant à soutenir la sécurité alimentaire et à stabiliser les marchés.

Les premières études sur les prévisions climatiques saisonnières viennent des années 1970 et 1980, quand la recherche sur le phénomène El Niño et son impact sur les modèles climatiques a pris de l'importance. Les chercheurs ont constaté que les fluctuations des températures de surface de l'océan Pacifique tropical pouvaient avoir des conséquences significatives sur les régimes climatiques mondiaux. En utilisant des analyses statistiques sophistiquées (par exemple, séries chronologiques, estimations de régression, analyses de corrélation) de données observationnelles, on essayait de prédire la qualité de la saison des pluies (Folland et al., 1991), impliquant le début, la fin, la durée, la répartition et la variabilité des pluies, qui sont essentiels pour le suivi agrométéorologique et la prévision des rendements (Sivakumar, 1992).

À la fin des années 1980, l'avènement des super-ordinateurs a permis de développer des modèles climatiques plus sophistiqués. Ces modèles ont commencé à incorporer des facteurs tels que les circulations atmosphériques, les interactions océan-atmosphère et les émissions de gaz à effet de serre pour simuler le climat sur des périodes plus longues. Ainsi, dans les années 1990, les modèles climatiques ont continué à s'améliorer en termes de résolution spatiale et temporelle, et en termes de représentation des interactions complexes entre les différentes composantes du système climatique. De plus, la relation statistique entre les indices de développement des cultures et l'indice d'anomalie de la Température Superficielle de la Mèr (SST) a été étudiée pour estimer les rendements agricoles saisonniers (Ward, 1998). L'utilisation de données satellitaires, d'observations océaniques et de données météorologiques en temps réel a également contribué à améliorer la qualité des prévisions saisonnières. Les prévisions climatiques saisonnières sont désormais basées sur une combinaison de modèles climatiques, d'observations en temps réel et de la compréhension des facteurs qui influencent les fluctuations climatiques à long terme. Elles sont devenues des outils importants pour la prise de décisions dans de nombreux secteurs, notamment l'agriculture, la gestion des ressources en eau et la préparation aux catastrophes.

Dans les années 1990, le développement et l'application de la prévision saisonnière en Afrique de l'Ouest s'est répandue grâce à la collaboration entre le Centre Africain des Applications Météorologiques pour le Développement (ACMAD), le Centre Régional de Formation et d'Application en Agrométéorologie et Hydrologie Opérationnelle (AGRHYMET), le Cooperative Institute for Mesoscale Meteorological Studies (CIMMS), l'International Research Institute for Climate Prediction (IRI), et les SMN d'Afrique de l'Ouest. À la fin des années 1990, l'Organisation Météorologique Mondiale (OMM), en collaboration avec les Services Météorologiques et Hydrologiques Nationaux (SMHN), les institutions régionales et les organisations internationales, a lancé un processus novateur connu sous le nom de Forums régionaux sur les perspectives climatiques (Regional Climate Outlook Forums). Ces forums, de nature opérationnelle, réunissent des experts en climat nationaux, régionaux et internationaux pour élaborer collectivement des perspectives climatiques régionales basées sur les prévisions climatiques fournies par tous les participants. Les forums intègrent également les principaux secteurs économiques, les agences de vulgarisation, les décideurs et les utilisateurs au sein de chaque région pour évaluer les impacts probables des perspectives climatiques sur les secteurs socio-économiques (pour plus de détails, voir l'Annexe A.5). Le processus, initié en Afrique, comprend aussi des ateliers de formation sur les prévisions climatiques saisonnières (Tarchiani et al. 2017) visant à renforcer les compétences des scientifiques du climat nationaux et régionaux et des sessions de sensibilisation spéciales impliquant des experts des médias pour élaborer des stratégies de communication efficaces. Cette collaboration a conduit à l'organisation du premier Forum sur les Perspectives Climatiques (COF) en Afrique de l'Ouest, le PREdiction Saisonnière en Afrique de l'Ouest (PRESAO) en 1998 (Abidjan). Actuellement en Afrique de l'Ouest il y a deux RCOF coordonnés par l'ACMAD qui se réunissent régulièrement :

- le Regional Climate Outlook Forum For Sudano-Sahelian Africa (PRESASS), qui couvre 17 pays de l'Afrique de l'Ouest et Centrale (Bénin, Burkina Faso, Cameroun, Cap-Vert, République Centrafricaine, Tchad, Côte d'Ivoire, Ghana, Guinée, Guinée-Bissau, Liberia, Mali, Mauritanie, Niger, Nigeria, Sénégal et Togo) avec juillet-août-septembre comme saison de référence ;
- le Regional Climate Outlook Forum for the Gulf of Guinea countries (PRESAGG), qui couvre la région côtière atlan-

tique (Bénin, Cameroun, Côte d'Ivoire, Guinée Equatoriale, Ghana, Guinée Conakry, Liberia, Nigeria, Sierra-Leone et Togo) avec mars-avril-mai comme saison de référence.

Les nouvelles approches de communication : les radios rurales

Dans les années 1990, il y a eu une généralisation de l'emploi des radios rurales pour la vulgarisation des services agrométéorologiques, car il s'agissait d'une approche efficace et économique pour diffuser les informations dans les communautés éloignées et rurales. L'utilisation des radios rurales par les services de vulgarisation agricole en Afrique de l'Ouest a été une approche novatrice et inclusive pour doter les agriculteurs de connaissances et améliorer les pratiques agricoles en comblant le fossé de l'information, renforçant l'engagement communautaire et contribuant à améliorer la sécurité alimentaire et les moyens de subsistance en milieu rural dans la région.

Cette stratégie exploitait la large portée et l'accessibilité des émissions radiophoniques pour transmettre des avis/conseils agrométéorologiques, des innovations et des informations sur les marchés directement aux agriculteurs et aux communautés. En effet, au Sahel où la morphologie est douce, les radios rurales ont une large zone de couverture, les rendant accessibles même dans les régions éloignées et difficiles d'accès où d'autres méthodes de communication étaient limitées. Les services de vulgarisation agricole et puis les SMN ont commencé, et continuent, à collaborer avec les stations de radio locales pour diffuser des programmes informatifs axés sur les meilleures pratiques agricoles, la gestion des cultures, la lutte contre les ravageurs, la conservation de l'eau et des sols. Les contenus sont diffusés dans les langues locales afin de s'assurer que les informations sont facilement comprises par les communautés rurales. En adaptant le contenu au contexte culturel de la région, les services de vulgarisation augmentent l'efficacité de la communication et du transfert de connaissances (Ingram et al. 2002). Parmi ces informations, les informations agrométéorologiques et climatiques incluent les prévisions météorologiques et climatiques permettant aux agriculteurs de planifier leurs activités agricoles et de s'adapter aux conditions météorologiques changeantes, minimisant ainsi les risques et les pertes. D'autres informations qui ont été vulgarisées à travers les radios locales sont les informations sur les marchés telles que les prix de marché et les tendances de la demande. Certains programmes radiophoniques incluaient aussi des sessions d'appels téléphoniques ou des segments interactifs où les agriculteurs pouvaient poser des questions, demander des conseils et partager leurs expériences. Cette communication bidirectionnelle favorisait un sentiment d'implication et d'engagement au sein de la communauté agricole. La radio était particulièrement bénéfique à ces temps, quand les taux d'alphabétisation étaient faibles.

ENCADRÉ 2. *Programme de Conseils Agrométéorologiques - AGROMET Mali*

En 1982, l'OMM, en collaboration avec la Direction Nationale de la Météorologie (DNM) du Mali et avec le soutien financier de l'Agence Suisse pour le Développement et la Coopération (SDC), a développé une approche novatrice visant à fournir des informations agrométéorologiques aux communautés rurales et aux autorités, afin de les aider dans leur prise de décision concernant les activités agricoles et la sécurité alimentaire. Le Programme de Conseils Agrométéorologiques a continué jusqu'en 1995 avec le soutien de la SDC, suivi d'une succession de phases d'évaluation, de renforcement des capacités et d'extension. Après 1995, le gouvernement malien a reçu des contributions de différents partenaires par le biais de l'OMM pour étendre l'approche. Après un transfert progressif des responsabilités au fil des années, le gouvernement malien a assumé l'entière responsabilité en 2005.
Lorsque le projet a été lancé, les agriculteurs recevaient déjà des conseils de la part des agents de vulgarisation agricole, par exemple sur la gestion des sols, l'utilisation des engrais, les variétés de cultures appropriées et les rotations culturales. Le projet visait à déterminer si et comment les informations climatiques pourraient également leur être utiles. L'approche reposait sur les éléments suivants :

- Groupe de Travail Pluridisciplinaire d'Assistance Agrométéorologique (GTPA) : un groupe de travail pluridisciplinaire composé de membres du service météorologique, du Ministère de l'Agriculture et d'autres Ministères. L'une des fonctions les plus importantes du groupe a été de combler le fossé entre les communautés climatiques et agricoles en "traduisant" les informations climatiques en informations et conseils utiles pour les agriculteurs (Hellmuth et al., 2007).
- Paysans observateurs : des agriculteurs modèles à qui l'on a fourni des pluviomètres pour mesurer les précipita-

tions dans leurs champs, et qui ont été formés à les utiliser en conjonction avec des calendriers de semis, indiquant les dates de plantation appropriées et les variétés de cultures appropriées dans les différentes régions, en fonction des précipitations mesurées par les pluviomètres.
- Informations agrométéorologiques adaptées aux calendriers de semis : tout au long de la saison de croissance de mai à octobre, les agriculteurs recevaient des bulletins tous les 10 jours, comprenant des informations récapitulatives agrométéorologiques et hydrologiques, ainsi que des conseils et des recommandations correspondants, ainsi que des prévisions météorologiques quotidiennes et à 3 jours.

Le projet a également travaillé sur la promotion de la participation et le renforcement des capacités des agents de vulgarisation agricole, l'établissement de voies de circulation de l'information entre les parties prenantes et le développement de méthodes de traitement rapide des données et de leur conversion en conseils appropriés et utiles. Les médias ont commencé à jouer un rôle central dans la diffusion des informations agrométéorologiques vers 1988, lorsque les réseaux radio et télévision nationaux et ruraux ont été intégrés au projet. Depuis 1993, l'extension a également inclus la création d'équipes multidisciplinaires au niveau local (GLAM - Groupe Local d'Assistance Météorologique au Monde Rural) pour atteindre de manière plus efficace les communautés rurales. Ces groupes ont complété le groupe au niveau national, permettant au projet de travailler plus étroitement avec les agriculteurs.
Les résultats de ce projet à long terme indiquent que la fourniture régulière d'informations agrométéorologiques aide les agriculteurs à gérer les risques liés à l'augmentation de la variabilité climatique (Hellmuth et al., 2007). En effet, les résultats de l'évaluation de l'impact de la première et de la deuxième phase ont montré une augmentation des rendements (1983-1986) et des revenus

(2003-2004) des agriculteurs utilisant les services agro-météorologiques. De 2011 à 2014, l'USAID a lancé une évaluation d'impact pour tester ces hypothèses avec l'Université de Caroline du Sud et le professeur Ed Carr. Pour la saison agricole 2011, l'évaluation sur le terrain a trouvé de fortes preuves de l'impact de ces avis sur la sélection des variétés parmi le sous-ensemble d'agriculteurs des villages GLAM qui utilisaient les avis (Edward R. Carr, 2014). Cependant, une deuxième évaluation en 2014 a mis en évidence des faibles taux d'utilisation des avis (dans la plupart des communautés, moins de 20 % de ceux qui ont accès aux avis) et les taux extrêmement faibles d'utilisation des avis par les femmes (Edward R. Carr, 2015).

V. DE LA FAMINE À LA ROUTINE

Dans les années 2000, le Sahel commence à connaître une reprise des précipitations après les sécheresses des années 1970 et 1980 et l'irrégularité des années 1990. Par conséquent, cette période n'a pas connu de graves crises alimentaires généralisées, mais plutôt des phénomènes localisés qui cependant sont restés fréquents.

Au cours de cette époque, d'autres phénomènes de nature économique, sociale ou politique se croisent avec la variabilité climatique. En sont un exemple la crise alimentaire de 2000/01 au Burkina qui fut causée par le retour de millions de Burkinabés fuyant la guerre civile en Côte d'Ivoire, ou la crise au Niger en 2005, due à la rupture du libre-échange alimentaire au sein de la CEDEAO (encadré 3).

***ENCADRÉ** 3. Niger 2005: une famine du libre marché*

La crise au Niger en 2005 a probablement été la crise alimentaire la plus complexe qui ait affecté la région dans les premières années 2000. Outre la concomitance de différents facteurs, ses causes profondes sont à rechercher dans l'incapacité du système régional d'échange de céréales à répondre à la demande et à acheminer les marchandises avec la même efficacité que dans les années 1990. Pour cette région, on a parlé de "famine du libre marché" (Mousseau et Mittal, 2006).

La crise alimentaire du Niger peut se résumer dans une série de causes, impacts et effets :

Ennemies des cultures

— Cause : attaque de criquets pèlerins ;

— Impacts : réduction de la disponibilité de fourrage pour le bétail ;

— Effets : baisse du prix du bétail et détérioration des termes de l'échange.

SÉCHERESSE :

— Causes : déficit localisée de la pluviométrie ;

— Impacts : réduction de la production de céréales dans les pays approvisionnant le Niger (les échanges avec le Nigeria, le Mali et le Burkina Faso permettent généralement au Niger de combler son déficit structurel à hauteur d'environ 10 % des besoins céréaliers du pays);

— Effets : Réduction de la disponibilité de fourrage pour le bétail.

EXPORTATIONS LIMITÉES DES PAYS VOISINS :

— Causes : politique commerciale restrictive du Nigeria et exportation limités des pays limitrophes (Nigeria, Mali, Burkina) ;

— Impacts : clôture des frontières et exportations limitées ;

— Effets : déficit céréalier et augmentation des prix des céréales et détérioration des termes d'échange.

AUGMENTATION DES PRIX DES CÉRÉALES ET DÉTÉRIORATION DES TERMES D'ÉCHANGE :

— Causes : exagération médiatique ;

— Impacts : distribution insuffisante des stocks commerciaux de céréales sur le marché ;

— Effets : flambée des prix des céréales.

ÉCHEC DES AIDES HUMANITAIRES :

— Causes : retards et faible coordination de l'aide.

— Impacts : dispersion de l'aide humanitaire.

— Effet : réduction de l'effet de l'aide.

Cette crise du Niger ne fut donc pas causée directement par des facteurs biophysiques, mais plutôt par une concurrence de facteurs exogènes qui ont été plus décisifs que les facteurs endogènes. La campagne agricole précédente, malgré des événements négatifs localisés, avait été presque normale et la saison 2005 s'annonçait comme une bonne année pour le Niger ainsi que pour l'ensemble du Sahel. Le facteur de rupture a été l'absence de réponse du

système commercial régional au déficit structurel du Niger, qui a entraîné une hausse du prix des céréales (Mousseau et Mittal, 2006). Cette dynamique a également été encouragée par la pression médiatique entraînant une nouvelle détérioration des termes de l'échange, exaspère la vulnérabilité déjà élevée des populations agropastorales.
Cet exemple et d'autres similaires soulignent l'importance que les facteurs non biophysiques ont acquis dans le contexte de la sécurité alimentaire, montrent aussi la nécessité de les intégrer dans les systèmes d'alerte précoce.

Le nouveau millénaire a mis à la une un phénomène auparavant méconnu : les inondations, qui, bien que ayant un impact sur l'agriculture inférieur aux sécheresses, deviennent de plus en plus fréquentes au Sahel. Elles sont le produit d'une concomitance de changements climatiques, anthropiques et environnementaux qui, à partir des sécheresses, ont caractérisé la zone sahélienne. D'une part, la sécheresse prolongée a causé une altération de la couverture végétale qui à terme a eu des effets sur les caractéristiques physiques des sols dénudés (Descroix et al., 2018). Des réductions de l'infiltration et des augmentations du ruissellement sont témoignées dans tous les bassins sahéliens et en particulier dans le moyen bassin du fleuve Niger (Massazza et al. 2021). D'autre part, la dégradation des sols a été favorisée également par les changements sociaux des années suivantes, surtout à cause de l'augmentation de la pression agricole due à la croissance démographique galopante. L'extensification des cultures et des pratiques de gestion des résidus culturaux non appropriés ont aussi contribué à une réduction de l'infiltration. En parallèle, l'intensification des précipitations due au changement climatique (Panthou et al., 2018) a contribué à accroître le ruissellement et finalement le débit des cours d'eau.

Dans les années 2000, le débat sur les changements climatiques prend de l'essor sur la scène internationale. En 2001, le GIEC publie le troisième rapport d'évaluation qui, au-delà des causes, analyse les impacts du changement climatique et les stratégies d'adaptation. La communauté internationale commence à être de plus en plus sensible à la question du changement climatique, cependant, celle-ci est encore considérée comme un aspect secondaire par rapport au développement économique des pays d'Afrique de l'Ouest. Néanmoins, dans la Convention-cadre des Nations Unies sur les Changements Climatiques, les pays sont appelés à l'élaboration des Plans Nationaux d'Adaptation. Ces documents rassemblent des informations sur les changements climatiques en cours et définissent les orientations des pays en matière d'adaptation, en particulier en ce qui concerne les impacts futurs sur l'agriculture et l'élevage. Ces documents indiquent la production et la diffusion d'informations agrométéorologiques comme des solutions pertinentes en matière d'adaptation. Mais au-delà de ces indications générales, chaque pays a trouvé des solutions différentes et non organisées à l'échelle régionale. Ce sera seulement dans la décennie suivante que la CEDEAO impulsera un effort régional coordonné pour l'adaptation au changement climatique.

Entretemps, les stratégies de coopération au développement des principaux bailleurs ont changé : on assiste à un abandon progressif des grands projets de développement rural qui avaient été mis en place durant les décades précédentes. Il y a une fragmentation de l'aide avec un rôle prédominant de l'Union Européenne, une croissance du volume des crédits des banques de développement et l'émergence des nouveaux acteurs comme les pays du Golfe et la Turquie. Cela aurait dû conduire à une plus grande responsabilisation des pays dans la gestion des fonds, une appropriation des processus de développement du secteur rural et de réduction des risques. D'autre part, vu l'intérêt croissant pour le changement climatique, on assiste au début de grands projets de recherche, comme le projet AMMA, qui ont cherché à aborder de manière holistique la question des changements climatiques et de leurs futurs impacts sur le système de production agricole de l'Afrique de l'Ouest. Ces initiatives ont conduit à l'installation de réseaux de mesure avancés pour différents paramètres climatiques et hydrologiques et ont mené à de nombreuses études sur les dynamiques et les changements de la mousson africaine. Au niveau national, des projets ont commencé à être formulés dans le but de fournir une assistance technique aux pays, en mettant l'accent sur le transfert de connaissances aux Ministères de l'Agriculture et aux SMN, accompagné du développement de produits et de logiciels spécialement conçus pour traiter de grandes quantités de données météorologiques et/ou de télédétection. L'objectif de ces interventions était principalement la prévention des catastrophes, notamment l'identification rapide des déficits en eau pour l'agriculture et l'élevage.

En même temps, on assiste à une nouvelle dynamique sur le territoire liée aux phénomènes sociaux qui commencent à se manifester au cours de cette décennie. La migration interne et externe à la région avec de fluxes qui de la campagne se dirigent vers les villes et puis des villes commencent à alimenter les routes transsahariennes en destination de l'Europe. La migration interne à la région n'est pas un phénomène nouveau, au contraire la région s'est toujours caractérisée par une grande mobilité qui était une stratégie efficace pour faire face aux crises alimentaires. C'était une migration pour la plupart saisonnière avec des zones de départ bien connues et également des destinations précises, généralement dans les pays côtiers. On observe aussi une urbanisation rapide qui touche tous les pays d'Afrique de l'Ouest, déplaçant ainsi de millions de personnes des zones rurales vers les zones urbaines. Ce processus, démarré avec les sécheresses, entraînera au fil du temps une demande alimentaire croissante pour les populations urbaines et une nécessité croissante d'optimiser la production agricole dans le monde rural. Dans les années 1990, le concept de couverture des besoins alimentaires avait été introduit pour évaluer la vulnérabilité des populations aux aléas climatiques et dans cette décade, grâce aux nouvelles technologies désormais disponibles, les premières analyses territoriales à grande échelle sont produites. Ce faisant, il devenait possible d'identifier précocement, au sein d'une région aussi vaste que l'Afrique de l'Ouest, les zones de production les plus à risque selon la logique du Calendrier de Prévision des Crises Alimentaires (CPCA - voir Annexe A.4). Le CPCA était un outil méthodologique pour la prévision des crises à travers les échelles spatiales. Il répondait à la nécessité d'identifier en temps utile les zones à risque d'insécurité alimentaire d'une échelle régionale à celle locale pour supporter les décideurs dans la mobilisation de l'aide alimentaire dans les régions touchées. Le fait que des crises d'ampleur telle que celles des années 1970 et 1980 ne s'étaient pas répétées avait déplacé progressivement l'attention vers les phénomènes plus localisés qui par contre étaient très fréquents. On passait donc d'un niveau d'intérêt macro-régional à un niveau de plus grand détail sous-national, allant jusqu'aux unités administratives de deuxième ou troisième niveau. Cependant, l'objectif de tous ces produits demeurait de fournir une assistance aux décideurs politiques sans se préoccuper de la diffusion de ces informations sur le terrain et de leur utilité pour la gestion locale des risques agrométéorologiques pour les cultures.

Durant cette période, les innovations dans les services climatiques pour l'agriculture étaient essentiellement liées aux domaines de la modélisation climatique, de la télédétection et de la cartographie thématique numérique. En particulier à cette époque, on observait une capacité croissante à produire des analyses et des traitements personnalisés adaptés à des besoins spécifiques. Cela reposait sur la disponibilité en ligne de vastes quantités de données télédétectées qui pouvaient être utilisées comme entrées pour l'analyse spatiale à l'aide des SIG.

Pour ce qui est de la modélisation climatique, les modèles sont sensiblement améliorés tant au niveau de la résolution spatiale que par rapport aux forçantes atmosphériques et le couplage atmosphère-surface terrestre-océan. Dans la communauté scientifique, des expériences de modélisation climatique commencent à être organisées au bénéfice de tous les utilisateurs. L'expérience la plus connue est celle du Coupled Model Intercomparison Project (CMIP), qui depuis le milieu des années 1990 a permis de produire de nombreuses sorties climatiques utiles pour toutes les activités de planification territoriale à moyen et long terme, ainsi que pour la planification de toutes les activités d'adaptation aux changements climatiques (voir encadré 5 - p. 95).

En termes de produits, la prévision climatique saisonnière s'impose à l'attention par le biais du PRESAO, qui avait pris élan après son lancement à la fin des années

1990. Les Forums voyaient la participation active et nombreuse de tous les SMN qui avaient l'occasion de se concerter avec les organismes régionaux tels qu'AGRHYMET et ACMAD, ainsi que les centres internationaux comme IRI, pour élaborer des prévisions à moyen terme sur le déroulement de la saison des pluies. Les produits élaborés, qui étaient ensuite diffusés à travers les bulletins régionaux et nationaux, étant présentés de manière probabiliste en terciles, étaient difficiles à utiliser directement pour la prise de décision. De plus, vu qu'il s'agissait d'une prévision à moyen terme du déroulement de la saison des pluies, cela fournissait une aperçue globale de la saison sans fournir aux utilisateurs finaux d'informations détaillées dans l'espace et dans les temps utiles pour leurs choix stratégiques (Genesio et al. 2011). Néanmoins, cette information importante commençait à être diffusée dans les pays, et avec le temps, les décideurs sectoriels en prenaient connaissance, en identifiant les limites et les potentialités, ce qui constituait et constitue toujours un précieux point de référence dans les stratégies nationales en début de la saison des pluies.

Le progrès technologique et informatique, associé à la réduction des coûts d'achat des ordinateurs personnels, permettait entre-temps même aux pays les moins développés d'accéder à des capacités de stockage de données et de puissance de calcul de plus en plus importantes. Cela permettait aux SMN, s'ils disposaient des outils appropriés, de traiter et d'analyser des images télédétectées de grande étendue spatiale et d'en extraire les informations qui leur étaient les plus utiles. Théoriquement, ces outils permettaient aux SMN d'être indépendants dans la production d'une cartographie agrométéorologique, appropriée pour leur système de production et leur réalité territoriale. Cependant, trois obstacles majeurs limitaient cette évolution : d'une part le manque de compétences des techniciens locaux et de l'autre l'accès aux outils d'analyse spatiale et à l'internet, surtout dans les pays enclavés.

Dans les pays d'Afrique de l'Ouest, les techniciens n'avaient souvent pas reçu d'éducation ni en géomatique, ni en informatique au cours de leur parcours scolaire et professionnel. Par conséquent, le transfert de connaissances dans ces domaines devint prioritaire et la plupart des initiatives d'appui aux services nationaux ont commencé à introduire des modules de formation spécifique dans leurs programmes d'activités. De plus, les SIG les plus répandus à cette époque étaient commerciaux et payants, ce qui représentait un coût non soutenable pour les institutions locales.

On a donc commencé à développer des logiciels spécifiques de traitement géospatial de données adaptées aux besoins des SMN (voir encadré 1), qui étaient gratuits, relativement simples à utiliser et plus axés sur les besoins spécifiques des utilisateurs. Ces applications permettaient aux services météorologiques de traiter facilement les bilans hydriques sur de vastes zones géographiques ou de calculer les indices de vigueur de la végétation par des procédures semi-automatiques ou des parcours d'analyse prédéfinis. Cependant, leur utilisation opérationnelle était conditionnée par le téléchargement des données télédétéctées, qui devenaient souvent le goulot d'étranglement du processus d'analyse.

Nonobstant les difficultés, on observait une progressive augmentation de produits d'analyse spatiale dans les bulletins agrométéorologique décadaires des GTP. Ces produits étaient principalement des cartes représentant spatialement – tous les 10 jours – le comportement d'indices de végétation, du bilan hydrique, de développement des cultures, mais aussi des paramètres météorologiques. Typiquement, ces produits géospatiaux étaient ensuite transformés en images qui étaient commentées et incluses dans les bulletins GTP. Par contre, au cours de cette période, on observe un abandon progressif de la modélisation agrométéorologique classique dans le cadre du suivi opérationnel. D'un côté les modèles devenaient de plus en plus compliqués, demandant une grande quantité de données en *input*, de l'autre la stratégie généralisée était de fournir des outils en ligne, auxquels les SMN avaient du mal à accéder. Les modèles Cropsyst, SARRA-H, mais aussi AquaCrop n'étaient pas appropriés pour une utilisation régulière et sur des larges terroirs, mais les anciens DHC-CP et ZAR n'étaient désormais plus opérationnels. En effet, au niveau international, dans cette décennie, on observe une prolifération de bases de données, systèmes d'information, catalogues d'images de télédétection disponibles sur le web. Tous ces efforts visaient d'une manière ou d'une autre à pallier les difficultés liées à la collecte de données sur le terrain tant qu'elles fussent météorologiques, hydrologiques ou agronomiques. Pour remonter les données du terrain, on utilisait encore des registres papier et elles étaient transmises manuellement jusqu'au niveau central. Dans les pays les plus étendus, les données mettaient souvent des mois avant d'être numérisées et donc disponibles pour l'analyse et la production d'informations. Il manquait à ce temps un moyen efficace de remonter les informations du terrain, ce qui sera ensuite résolu dans la décennie suivante par la diffusion des réseaux GSM, des smartphones, des services de messagerie instantanée et des applications dédiées. C'est seulement au niveau de la recherche, que les efforts des grands projets comme AMMA ont permis de créer des réseaux de mesure détaillés, mais généralement limités par extension géographique à des terroirs pilotes (par exemple le degré carré de Niamey d'environ 10.000 km²). Malheureusement, toutes ces activités nécessitaient un financement substantiel qui s'est progressivement réduit, ne permettant pas de maintenir ces mesures au fil des ans. Cependant, les bases de données sur le climat et les composantes atmosphériques en Afrique de l'Ouest restent aujourd'hui une base pour de nombreuses études climatiques dans la région.

Pour toutes ces raisons, on avait tendance à utiliser principalement des produits télédétectés pour les analyses à l'échelle territoriale et les données mesurées sur le terrain seulement pour quelques stations de relevance particulière. Un des catalogues de données satellitaires plus utilisés en début de décennie était l'Africa Data Dissemination Service, un site web parrainé dans le cadre du programme FEWS par l'USAID et EROS, avec des données de l'ARD, de la NOAA, de la NASA et de la CIA. Il fournissait gratuitement des données satellitaires (indice de végétation par différence normalisée - AVHRR NDVI et des estimations des précipitations) à la fois au niveau régional et national. Il fournissait aussi des données ancillaires comme limites administratives, statistiques agricoles et des prix. L'African desk de la NOAA était un autre service, qui existe toujours, permettant d'accéder à différents produits météorologiques d'estimation des précipitations et de prévision météorologique et climatique. Dans ces années, une nouvelle application des données télédétectées a concerné le suivi des criquets, en particulier les zones d'agrégation des essaims (voir encadré 4).

Concernant les données agronomiques, une des premières bases de données disponibles en ligne a été

FAOSTAT qui permettait l'accès, via une interface web, à des informations sur la production agricole. Cependant, ces données étaient souvent agrégées au niveau national ou au premier niveau administratif, ce qui les rendait inutilisables à l'échelle locale.

Parmi les nouveaux outils disponibles en ligne, les systèmes d'informations sur le web ont été la grande révolution de la deuxième moitié de la décennie. Il s'agissait d'applications qui rendaient les couches d'informations géographiques disponibles via une plateforme web et dans le cas plus développé permettent également de faire du traitement de ces données et des analyses géospatiales basiques. Cette innovation permettait à l'utilisateur de ne pas avoir à télécharger les données géographiques sur son ordinateur et d'effectuer son analyse directement sur le serveur du service. Donc, une pluralité d'informations géographiques devenait directement accessible à l'utilisateur, soit données agrométéorologiques et satellitaires, soit des données ancillaires telles que les routes, les marchés, les frontières administratives, pour produire une cartographie personnalisée.

***ENCADRÉ** 4. Système de suivi du Criquet Pèlerin - FAO*

La FAO (Organisation des Nations Unies pour l'Alimentation et l'Agriculture) a développé un service connu sous le nom de "FAO Locust Watch". Ce service fait partie des efforts de la FAO pour surveiller et prévenir les essaims de criquet pèlerin (Schistocerca gregaria) qui peuvent causer des dommages graves aux cultures et à l'agriculture. Le Locust Watch fournit des informations et des mises à jour en temps réel sur la situation des sauterelles dans différentes régions du monde. Il comprend des cartes, des données et des alertes pour aider les pays à se préparer et à répondre aux invasions acridiennes, réduisant ainsi au

minimum l'impact sur la production alimentaire et la sécurité alimentaire. Ainsi, le Locust Watch représente une première application opérationnelle à grande échelle de la surveillance en temps réel des criquets.
Le premier bulletin produit remonte à septembre 1978 et était en anglais, mais dès le mois suivant, le bulletin était également traduit en français. Le bulletin était au format texte avec une carte récapitulative à la fin du bulletin. Le format est resté pratiquement inchangé, avec des changements uniquement dans les paramètres graphiques et textuels. À la fin des années 90, des images du satellite SPOT VEG ont également été incluses dans le bulletin pour surveiller l'état de la végétation.
Le système d'alerte précoce aux criquets était donc un système manuel basé sur la cartographie thématique de la dispersion des locustes, les données météorologiques et les informations recueillies dans les pays. Dans la période 1986-1989, plusieurs attaques de criquets ont poussé au développement de nouvelles solutions de surveillance des attaques. Le comité scientifique PNUD/FAO a identifié le SIG comme l'outil le plus approprié pour soutenir les prévisionnistes et les chercheurs dans la production et la diffusion des bulletins mensuels et des alertes ad hoc. En conséquence, le système SWARMS (Schistocerca WARning and Management System) a été mis en œuvre. Cependant, SWARMS était un système complexe et avec l'avènement des SIG pour PC, le développement s'est orienté vers un système à distribuer dans les pays. Le système a été appelé RAMSES et est toujours utilisé dans sa version 4. Ce logiciel permettait, grâce à l'introduction de données nationales, de produire des analyses géographiques sur le déplacement des essaims. RAMSES a été introduit dans sa première version en Afrique de l'Est en 1997 et à partir de 2000, la version 2 a été distribuée dans les pays. Cette intégration de données géoréférencées sur les attaques de sauterelles a ensuite trouvé sa place dans le portail d'information FAO Locust Watch avec la collecte des

bulletins, des alertes et de la cartographie thématique en temps réel. Cette migration vers un système de base de données géoréférencées disponible en ligne a donc permis une intervention plus rapide des donateurs internationaux lors des épisodes suivants de la crise 2003-2005.
Aujourd'hui, le portail Locust Hub de la FAO, qui intègre la partie de surveillance Locust Watch, représente un exemple d'un service qui a évolué au fil du temps et qui a permis de lutter plus efficacement contre les épisodes d'invasion de locustes.

Parmi les Web-SIG (Systèmes d'information géographiques sur le web), l'une des premières applications a été le Geo-Network FAO (www.fao.org/geonetwork). Il naissait en 2001 de l'exigence de FAO et Programme Alimentaire Mondial de partager efficacement leurs bases de données spatiales, y compris des cartes numériques, des images satellites et des statistiques associées. Il était une plateforme fournissant divers services, tels qu'une bibliothèque globale de données géospatiales, un catalogue de métadonnées, un système de recherche, d'édition et de publication d'informations géospatiales, ainsi que des informations sur l'intégration de données géospatiales provenant de diverses sources sur Internet. La version 1 de GeoNetwork a été ouverte au public en début de 2004 et la version 2 en 2005.

Cependant, la principale limitation en Afrique de l'Ouest, qui rendait ces outils peu accessibles à la plupart des utilisateurs, était le faible débit de la connexion internet. Ce fossé technologique demeurait en pratique le principal obstacle à la diffusion de nombreuses applications et produits de recherche. Les services nationaux dans certains cas étaient obligés de rester attachés à des outils demandant le minimum de ressources à télécharger depuis un fournisseur externe sur internet. Le principal problème rencontré était de créer une multitude de bases de données locales désorganisées et non synchronisées entre elles, ce qui signifiait qu'il était impossible de reconstruire précisément le processus par lequel une information spécifique avait été générée. Le recours à une métadatation systématique et organisée de ces bases de données a toujours été marginalement appliqué dans les services locaux.

En général, nous pouvons dire que les efforts de la communauté scientifique pour fournir de nouveaux produits et de nouveaux outils pour la modélisation du climat et de la croissance des cultures étaient principalement axés sur l'exploitation d'une grande quantité de données qui étaient peu accessibles aux pays. D'une certaine manière, les résultats de ce progrès technologique éloignaient de plus en plus le monde de la recherche et les grands centres de la réalité des communautés locales et de leurs besoins spécifiques.

Le manque de dialogue et de concertation avec les parties prenantes et la communauté rurale conduisait au développement de produits ayant peu d'impact pratique sur la vie des populations dû à une adoption marginale des informations agrométéorologiques diffusées à travers les médias. Le processus de production de l'information procédait de manière linéaire, gouverné par l'offre et non par la demande. Cette approche descendante utilisée dans la conception et l'élaboration des produits d'information agrométéorologique était la cause principale du fossé entre ce que les scientifiques pensaient être utile et les usagers considéraient effectivement comme utilisable (Lemos et al. 2012). Le monde rural restait donc en marge de ce flux d'informations agrométéorologiques qui, en théorie, devaient justement contribuer à améliorer les conditions de sécurité alimentaire des populations. En pratique, la plupart des stratégies de mitigation des risques climatiques sur la production agricole étaient axés sur la sélection et l'amélioration du patrimoine génétique des cultures. Les conseils et les bonnes pratiques agrométéorologiques diffusés à travers les bulletins se concentraient souvent sur le choix d'une variété plutôt qu'une autre en fonction des prévisions saisonnières produites, cependant, les agriculteurs n'avaient pas toujours accès à un tel choix variétal, rendant ainsi le conseil distribué inapplicable.

ENCADRÉ 5*. Projet d'Intercomparaison des Modèles Couplés*

(source : CMIP https://pcmdi.llnl.gov)

Les modèles globaux de circulation générale (GCM) couplés océan-atmosphère incluant la glace de mer simulent le système climatique physique, en utilisant seulement un petit nombre de conditions aux limites externes, telles que la "constante" solaire et les concentrations atmosphériques de gaz radiativement actifs et d'aérosols. Ces modèles sont utilisés depuis des décennies dans des recherches théoriques sur les mécanismes des changements climatiques. Ces dernières années, les GCM couplés ont également été utilisés pour séparer la variabilité naturelle des effets anthropogéniques dans les enregistrements climatiques du XXe siècle, et pour estimer les futurs changements climatiques d'origine humaine, y compris le réchauffement global. Plusieurs GCM couplés ont été développés par différents groupes de recherche. Il est depuis un certain temps apparu que ces modèles donnent des réponses quelque peu contradictoires aux mêmes questions, par exemple, une fourchette allant d'environ 1,5 à 4,5°C (moyenne mondiale) dans l'augmentation de la température de l'air en surface due au doublement du dioxyde de carbone atmosphérique, en raison de subtiles différences dans leurs hypothèses concernant les nuages et d'autres phénomènes à des échelles plus petites que la résolution des points de grille du modèle (Cess et al. 1989 ; Mitchell et al. 1989).

En 1995, le groupe de travail sur les modèles couplés de JSC/CLIVAR, faisant partie du Programme mondial de recherche sur le climat, a créé le Projet d'Intercomparaison des Modèles Couplés (CMIP ; voir Meehl et al. 2000). Le but de CMIP est de fournir aux climatologues une base de données de simulations de GCM couplés sous des conditions aux limites standardisées. Les chercheurs de CMIP utilisent les sorties des modèles pour tenter de comprendre pourquoi des modèles différents donnent des résultats différents en réponse aux mêmes entrées, ou (plus couramment) pour simplement identifier les aspects des simulations où il existe un "consensus" dans les prédictions des modèles ou des problématiques communes. On peut considérer CMIP comme une analogie au Programme d'Intercomparaison des Modèles Atmosphériques (AMIP ; voir Gates et al. 1999). Dans les simulations AMIP, la glace de mer et la température de surface de la mer sont prescrites pour correspondre aux observations récentes, et la réponse atmosphérique à ces conditions aux limites est étudiée ; dans CMIP, l'ensemble du système climatique physique, y compris les océans et la glace de mer, s'ajuste aux concentrations atmosphériques prescrites de CO_2.

La première phase de CMIP, appelée CMIP1, a recueilli les sorties des modèles de contrôle GCM couplés dans lesquels le CO_2, la radiation solaire et d'autres forçages climatiques externes sont maintenus constants (différentes simulations de contrôle CMIP utilisent des valeurs différentes de la "constante" solaire et de la concentration de CO_2, allant de 1354 à 1370 W m-2 et de 290 à 345 ppm respectivement). Dans une phase ultérieure, CMIP2, a recueilli les sorties des simulations de contrôle des

modèles et des simulations correspondantes dans lesquelles le CO_2 augmente à un taux de 1% par an. Aucun autre facteur de forçage climatique anthropogène, comme les aérosols d'origine anthropique (qui ont un effet de refroidissement net), n'est inclus. Ni les simulations de contrôle ni les simulations d'augmentation de CO2 dans CMIP n'incluent les variations naturelles dans le forçage climatique, par exemple, les éruptions volcaniques ou les changements de radiation solaire.
CMIP facilite donc l'étude des différences intrinsèques entre les modèles au prix de l'idéalisation du scénario de forçage. Le taux d'augmentation du forçage radiatif impliqué par une augmentation de CO_2 de 1% par an est presque deux fois plus élevé que le forçage anthropique réel des dernières décennies, même si l'on ajoute les gaz à effet de serre autres que le CO_2 en tant que partie du "forçage équivalent au CO_2" et que l'on ignore les aérosols d'origine anthropique. Ainsi, le scénario d'augmentation de CO_2 de CMIP2 ne peut pas être considéré comme réaliste pour comparer les changements climatiques prédits par les modèles et les changements climatiques observés au cours du siècle dernier. Néanmoins, ce scénario idéalisé génère une réponse facilement discernable dans tous les modèles CMIP et offre ainsi l'opportunité de comparer et éventuellement d'expliquer les différentes réponses découlant de différentes formulations de modèles.

VI. LES SERVICES CLIMATIQUES POUR LES AGRICULTEURS

Les années 2010, sur le plan climatique, sont clairement caractérisées, d'un côté, par une augmentation des précipitations cumulées, même si le niveau reste inférieur à celui de la période précédente aux sécheresses et, d'autre côté, par une forte augmentation des extrêmes (qui n'avaient pas varié significativement dans les décades précédentes).

Les analyses des séries temporelles de tous les indicateurs, tant hydrologiques que climatiques, réalisées par Massazza et al. (2021) indiquent que la dernière décennie a une configuration complètement nouvelle par rapport au passé récent après la sécheresse et aussi par rapport à la période pré-sécheresse. La principale caractéristique climatique de la période actuelle par rapport à la précédente, plutôt qu'une augmentation modérée des précipitations annuelles, est l'augmentation nette et significative des événements extrêmes et leur concentration au mois d'août. De plus, la convergence des anomalies climatiques positives avec l'augmentation des paramètres hydrologiques (taux de ruissellement, débit et débit de point des rivières et du fleuve Niger) suggère un effet multiplicateur, pour les années à venir, qui pourrait induire une augmentation plus forte des paramètres hydrologiques des cours d'eau sahéliens en renforçant davantage la tendance observée d'augmentation des inondations. Par rapport aux paramètres agrométéorologiques, le Sahel ne présente pas un comportement homogène. La partie occidentale est caractérisée par une réduction de la pluviométrie moyenne et un démarrage et une fin tardifs de la saison des pluies. Le Sahel central et oriental, par contre, montrent une augmentation de la pluviométrie moyenne et des variations minimales dans le début et fin de la saison des pluies.

Au cours de la deuxième décennie du XXIe siècle, le concept de services climatiques s'est finalement imposé, visant à combler le fossé entre les informations climatiques produites par les scientifiques et les services nationaux et les besoins pratiques des utilisateurs (WMO, 2011). Par conséquent, le concept de "service" (climatique, agrométéorologique ou hydrologique) relie "la connaissance du climat et l'action à l'interface science-société" (Bremer et al., 2019) et implique "la transformation des données liées au climat, conjointement avec d'autres informations pertinentes, en produits personnalisés tels que des projections, des prévisions, des informations, des tendances, des analyses économiques, des évaluations (y compris des évaluations technologiques), des conseils sur les meilleures pratiques, le développement et l'évaluation de solutions, ainsi que tout autre service lié au climat qui pourrait être utile pour la société dans son ensemble" (Street, 2016).

Depuis la définition de ce concept en 2011 par l'OMM (OMM, 2011), un service climatique, au lieu d'être simplement un produit climatique, implique le concept de processus et de relations entre les acteurs. Le modèle linéaire qui prévoit la fourniture d'informations climatiques par les fournisseurs aux utilisateurs, en fonction de l'offre (Brasseur et Gallardo, 2016) appelé aussi le "modèle déficitaire" (Vogel et al., 2019), a été adopté pour longtemps par les organisations gouvernementales telles que les services météorologiques et hydrologiques nationaux. Ce modèle souffre pourtant du "fossé de l'utilisabilité" (Lemos et al., 2012) entre "ce que les scientifiques considèrent comme des informations utiles et ce que les utilisateurs considèrent comme utilisable dans leur prise de décision". Pourtant, il s'est avéré nécessaire d'évoluer vers un modèle plus complexe impliquant de multiples interactions entre les producteurs d'informations et les utilisateurs, qui est synthétisé par le concept de co-production des services climatiques. La co-production, y compris toutes les formes telles que la co-conception, le co-développement, etc. propose une méthode alternative pour placer les utilisateurs au centre du processus et pour établir des relations collaboratives d'apprentissage mutuel et d'échange de connaissances entre tous les acteurs (Weichselgartner et Arheimer, 2019).

Pratiquement, en Afrique de l'Ouest, ce processus de relation directe entre les producteurs et les utilisateurs de l'information agrométéorologique avait déjà commencé de manière embryonnaire au Mali de nombreuses années auparavant (voir encadré 2). Cependant, ce n'est qu'en 2008 que l'OMM a décidé de promouvoir activement les services météorologiques auprès de ses utilisateurs, en particulier les agriculteurs.

Par le biais du projet METAGRI (voir encadré 6), l'OMM finance les "Séminaires itinérants" (en anglais Roving Seminars), déjà testés par Stigter en Asie, en Amérique du Sud et dans certains pays africains (Stigter, 2016). Au cours de ces séminaires, qui se tiennent généralement dans les chefs-lieux communaux en présence d'un échantillon d'agriculteurs représentant diverses communautés, les services météorologiques, les services de vulgarisation agricole, les ONG et les médias interagissent directement avec leurs utilisateurs concernant l'utilisation pratique des informations agrométéorologiques produites, tout en laissant place à un dialogue entre le savoir scientifique et le savoir traditionnel. En effet, le fossé entre la science du climat et la société est particulièrement important dans les pays pauvres et en développement. Il s'agit d'un fossé bidirectionnel caractérisé par un manque de connaissances techniques et scientifiques des populations rurales et, d'autre part, par une profonde déconnexion des techniciens et des scientifiques des conditions locales. Le décloisonnement des connaissances s'avère particulièrement utile pour l'adoption et la mise en œuvre des services par les agriculteurs, renforçant ainsi la confiance dans l'information reçue (Nyong et al. 2007).

La gamme des applications possibles des services agrométéorologiques au cours de cette période s'élargit indéniablement :

- Planification des cultures : aider les agriculteurs à choisir quelles cultures planter en fonction des conditions météorologiques attendues. Par exemple, certaines cultures pourraient mieux convenir aux périodes de fortes pluies, tandis que d'autres pourraient tolérer des conditions plus sèches.
- Prévision des rendements et des zones à risque productif pour identifier précocement les zones à faible production où des actions d'aide à la population pourraient être nécessaires, ou bien pour estimer la production de régions ou pays en relation à leurs besoins alimentaires.
- Gestion des ravageurs et des maladies : prédire et surveiller les conditions météorologiques favorisant l'apparition de ravageurs et de maladies pouvant affecter les cultures, permettant aux agriculteurs de prendre des mesures préventives ou d'appliquer des traitements en temps opportun.
- Gestion de l'irrigation : utilisation de données météorologiques pour optimiser les calendriers d'irrigation. En connaissant le moment et la quantité de pluie attendue ou observée et les besoins en eau des cultures, les agriculteurs peuvent ajuster leurs pratiques d'irrigation pour éviter un excès ou un manque d'arrosage des cultures.

- Application d'engrais : utilisation d'informations météorologiques pour déterminer les moments optimaux pour l'application d'engrais. Les précipitations influencent la disponibilité des nutriments dans le sol, et la prévision aide les agriculteurs à prendre des décisions éclairées sur l'utilisation des engrais.
- Préparation aux conditions météorologiques extrêmes : prévisions météorologiques précoces pour se préparer à des événements extrêmes tels que les vagues de chaleur, les vents forts, les tempêtes et les inondations, y compris des mesures pour protéger les cultures, le bétail et les infrastructures agricoles.
- Avis/conseil : les services de vulgarisation agricole peuvent intégrer les informations agrométéorologiques pour fournir des avis/conseils aux agriculteurs sur divers aspects de l'agriculture, notamment les dates de plantation, la gestion des ravageurs et la conservation de l'eau.
- Recherche et développement : utilisation des données et des informations agrométéorologiques dans le développement de variétés de cultures améliorées et de techniques de culture.
- Gestion du bétail et des pâturages : utilisation de données agrométéorologiques dans la gestion du bétail en fournissant des informations sur les températures extrêmes, l'humidité et d'autres facteurs pouvant affecter la santé et la productivité des animaux ainsi que la production de fourrage.

Les services météo retournent dans les champs : METAGRI

L'initiative METAGRI a été conçue par l'OMM avec pour postulat que des services ciblés d'information météorologique et climatique, ainsi que des conseils, peuvent efficacement soutenir la prise de décision des agriculteurs. Le principal résultat attendu était une meilleure préparation et gestion des risques dans un contexte de changement climatique. L'impact principal escompté était d'augmenter la productivité agricole et d'améliorer les conditions économiques, sociales et environnementales.

L'approche METAGRI était axée sur le GTP et sur les séminaires itinérants (Stigter, 2016). Comme déjà dit, les séminaires itinérants sur la météo, le climat et les agriculteurs (RS) sont des séminaires d'une ou deux journées visant à sensibiliser les agriculteurs aux informations sur la météo et le climat, ainsi qu'à leurs applications dans la gestion opérationnelle des exploitations agricoles. Des agriculteurs issus de différents villages se réunissent en un lieu centralisé dans une région sélectionnée. L'objectif de ces séminaires est de rendre les agriculteurs plus autonomes dans la gestion des questions liées à la météo et au climat qui affectent la production agricole sur leurs exploitations, tout en favorisant l'interaction entre les communautés agricoles locales, le personnel local des SMN et les autres acteurs impliqués.

Les RS sont organisés en deux parties. La première se concentre sur cinq thèmes principaux : la variabilité et le changement climatiques, les risques climatiques spécifiques pour l'agriculture dans la région hôte, l'agrométéorologie (produits et outils), la recherche agronomique et l'adaptation au changement climatique, ainsi que la perception des agriculteurs concernant les informations sur la météo et le climat, ainsi que la rétroaction.

La deuxième partie est consacrée au "pluviomètre paysan", comprenant les techniques d'observation des précipitations, la collecte et la transmission des données, ainsi que l'installation du pluviomètre.

Lors de chaque séminaire, un nombre limité de simples pluviomètres en plastique, fabriqués au Mali en s'inspirant du succès du projet AGROMET au Mali (encadré 2), était fourni aux agriculteurs les plus compétents, ce qui leur permettait de mesurer les précipitations sur leurs parcelles.

Ces pluviomètres en plastique ont été développés et utilisés pour la première fois dans le projet pilote malien (Hellmuth et al., 2007) pour répondre à la demande croissante de la population en matière d'assistance météorologique et à la pénurie et au coût élevé des pluviomètres importés. Ils ont été conçus pour mesurer les précipitations liquides aussi fidèlement que possible dans divers pays du Sahel. En effet, les dimensions des pluviomètres ont été spécifiées en fonction des précipitations quotidiennes de la région. Ils ont été fabriqués localement par une petite entreprise privée. Le pluviomètre de l'agriculteur est composé d'un récipient en plastique gradué avec une surface réceptrice de 100 cm^2, d'un ruban en plastique avec une échelle graduée et d'un support métallique muni de deux anneaux en fer lisse soudés sur les bords supérieurs pour maintenir le seau vertical et stable. Les supports sont fabriqués dans chaque pays par des fournisseurs locaux.

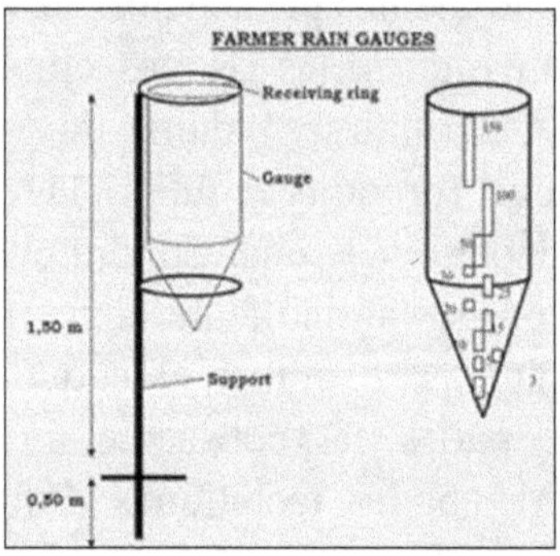

Figure 5. Pluviomètre paysan

Ces mesures de précipitations fournissent une estimation de l'humidité du sol et peuvent être utilisées pour prendre des décisions cruciales en ce qui concerne le calendrier de la culture, notamment quand planter et quelle variété de semences utiliser en fonction de la date, des précipitations reçues et du caractère attendu de la saison des pluies. Les agriculteurs pilotes agissaient également en tant que leaders au sein de leurs communautés en transmettant des informations météorologiques et climatiques et en fournissant des informations utiles aux SMN et aux autorités agricoles concernant les précipitations, les phénomènes météorologiques, l'état des cultures, l'apparition de ravageurs et de maladies, ou d'autres aspects de l'évolution des cultures. Les équipes de formation étaient multidisciplinaires, regroupant des météorologues, des agents de vulgarisation agricole et des experts en agriculture. Elles se coordonnaient au préalable avec les autorités régionales et convoquaient les agriculteurs dans un endroit approprié de la zone agricole. Souvent, des ONG locales, d'autres partenaires du développement et des institutions de recherche en agriculture étaient associés aux séminaires. La couverture médiatique était également encouragée pour donner plus d'écho aux séminaires.

Les services agrométéorologiques offerts aux agriculteurs par les SMN dans le cadre de METAGRI étaient principalement les suivants :

- Information sur les extrêmes météorologiques et le changement climatique (par l'intermédiaire de RS).
- Formation et fourniture de pluviomètres aux agriculteurs (par l'intermédiaire de RS).
- Calendrier des semis à utiliser en association avec les précipitations observées (par l'intermédiaire du RS).
- Prévisions saisonnières, périodes de semis prévues et conseils connexes (par l'intermédiaire des RS, des médias locaux et des services de vulgarisation).

- Prévisions météorologiques (par l'intermédiaire des médias locaux).
- Conseils agrométéorologiques à 10 jours (par l'intermédiaire des médias locaux et des services de vulgarisation).

Ces services ont été utiles et utilisés par les agriculteurs pour diverses pratiques agricoles (Tarchiani et al., 2017) :

PRÉPARATION DU SOL
— Décision traditionnelle : humidité du sol, connaissance empirique du climat, indicateurs indigènes (étoiles, fleurs, pousses, insectes, oiseaux...).
— Service Agrométéorologique : conseils basés sur les prévisions saisonnières et le calendrier des cultures.
— Avantage : Évite que les mauvaises herbes ne recouvrent la parcelle avant le semis, en raison d'une préparation prématurée.
CHOIX DES VARIÉTÉS DE CULTURES
— Décision traditionnelle : variétés disponibles localement, de bonne qualité gustative et commercialisables.
— Service Agrométéorologique : conseils basés sur les prévisions saisonnières et le calendrier des cultures.
— Avantage : le cycle des cultures correspond mieux au schéma saisonnier (durée de la saison, périodes de sécheresse).
- SEMIS
— Décision traditionnelle : première pluie, indicateurs indigènes (étoiles, fleurs, pousses, insectes, oiseaux...).
— Service Agrométéorologique : pluie observée avec le pluviomètre selon des seuils spécifiques et en fonction du calendrier des semis et des prévisions météorologiques et saisonnières.
— Avantage : cela évite les échecs de semis et les ressemis, en évitant la coïncidence des stades de culture les plus vulnérables avec les périodes de sécheresse.
DÉSHERBAGE
— Décision traditionnelle : abondance des mauvaises herbes.
— Service Agrométéorologique : en fonction de la phase

phénologique, de l'humidité du sol et des prévisions météorologiques.
— Avantage : cela évite la régénération rapide des mauvaises herbes.
FERTILISATION
—Décision traditionnelle : développement tardif de la culture, plantes faibles, feuilles jaunes.
— Service Agrométéorologique : en fonction de la phase phénologique, de l'humidité du sol et des prévisions météorologiques.
— Avantage : cela évite le lessivage des engrais et la brûlure des cultures.
TRAITEMENTS PESTICIDES
— Décision traditionnelle : niveau des dommages aux cultures.
— Service Agrométéorologique : en cas d'attaque, en fonction des observations et des prévisions météorologiques.
— Avantage : cela évite le lessivage des pesticides

Dans le cadre de METAGRI, pour la première fois, l'OMM a décidé de réaliser une étude d'impact externe, qui a permis de démontrer les effets de ces bonnes pratiques en termes d'augmentation de la productivité et de diminution des coûts en termes d'intrants et de temps de travail (Tarchiani et al., 2018).

En particulier, l'étude réalisée entre 2015 et 2016 sur le sorgho en Mauritanie a montré que les rendements ont augmenté d'environ 64% entre les producteurs qui n'ont pas utilisé les services et ceux qui les ont utilisés, cette différence étant principalement liée au choix de la variété et de la date de semis. En termes de réduction des coûts, il s'agit principalement du coût d'opportunité du temps de travail de l'agriculteur, car les coûts directs sont négligeables.

		Pilotes (n=16)	Contrôles (n=16)	Diff. %
Coûts US$/ha	Préparation du sol*	20,75	20,75	0%
	Semis	18,45	44,88	-59%
	Désherbage*	83,00	145,25	-43%
	Récolte*	41,50	41,50	0%
	Coût total	163,70	252,38	-35%
Revenue US$/ha	Production kg/ha	1 173,33	717,50	+64%
	Rendement kg/ha	880,00	538,13	+64%
	Valeur US$/ha	440,00	269,06	+64%
Bénéfice US$/ha		276,30	16,69	+1 556%

*Coûts d'opportunité uniquement : pour les coûts d'opportunité, nous avons pris en compte le salaire minimum de 83 USD/mois, ILOSTAT).

Tableau 1. Performances agro-économiques moyennes pour les saisons 2015 et 2016 (adapté de Tarchiani et al. 2018)

METAGRI a permis une avancée significative dans l'application des services agroclimatiques en Afrique de l'Ouest, en élargissant également son champ d'application à des pays côtiers traditionnellement moins touchés par la sécheresse (Tarchiani, 2019). Il a aussi démontré la nécessité d'intégrer structurellement les services agrométéorologiques dans les programmes de développement agricole proposés par les services de vulgarisation agricole et les ONG, en associant l'information agrométéorologique à d'autres intrants tels que les semences améliorées ou les techniques agricoles telles que l'agroforesterie, la conservation des sols et de l'eau, le compostage, le paillage, etc. À la suite de METAGRI, il y a également eu un effort marqué pour améliorer la communication des services, en faisant également appel aux nouvelles technologies qui se répandaient même en milieu rural. En effet, il était reconnu qu'il était nécessaire d'adopter des stratégies de communication spécifiques intégrant une approche participative et transdisciplinaire pour rendre l'information socialement acceptable et actionnable, tout en construisant une relation de confiance à long terme. Enfin, cette expérience a mis les donateurs face au principal défi que posent les services agrométéorologiques pour les agriculteurs, à savoir la question de la durabilité en dehors de la logique des projets. En effet, il a fallu repenser l'approche de la vulgarisation agricole en y incluant de manière plus structurée d'autres acteurs jusqu'alors peu représentés, tels que les médias, les ONG, les acteurs privés, les distributeurs d'intrants, etc.

***ENCADRÉ 6**. METAGRI e METAGRI OPS (2008-2015)*

En 2007, à la suite de la Conférence des Directeurs des Services Météorologiques et Hydrologiques Nationaux d'Afrique de l'Ouest à Las Palmas, en Espagne, un plan d'action a été élaboré dans le but de renforcer les SMHN de la région. Par la suite, en 2008, AEMET (l'Agence Météorologique Espagnole) a financé et l'OMM a réalisé le projet METAGRI. S'appuyant sur l'expérience du programme AGROMET au Mali et sur les expériences issues de réunions avec des agriculteurs en Asie et en Amérique du Sud (Stigter, 2016), le projet visait à fournir une assistance agrométéorologique aux agriculteurs en renforçant les Services Météorologiques Nationaux. Le projet, coordonné par l'OMM et mis en œuvre dans chaque pays par le Service Météorologique National (SMHN), a été lancé en avril 2008 et a duré jusqu'en septembre 2011, se déroulant en trois phases arrivant à couvrir Burkina Faso, Mali, Mauritanie, Niger, Sénégal, Benin, Cap-Vert, Gambie, Guinée, Guinée-Bissau, Togo, Cote d'Ivoire, Ghana et Nigeria.

En 2012, un nouveau projet, METAGRI Opérationnel (OPS), a été lancé dans le but de fournir des Services Météorologiques et Climatiques (SMC) à un éventail plus large de secteurs ruraux, notamment aux éleveurs, aux forestiers et aux pêcheurs traditionnels. METAGRI OPS a été mis en œuvre dans 17 pays d'Afrique de l'Ouest, avec des fonds fournis par le Ministère des Affaires Étrangères du Gouvernement Norvégien, mais également par le gouvernement grec, ainsi que des contributions mineures d'AEMET, d'EUMETSAT et du budget régulier de l'OMM. METAGRI OPS constituait une évolution de METAGRI, renforçant la coopération avec d'autres institutions nationales ayant un mandat en matière de production alimentaire ou de sécurité alimentaire. Afin d'atteindre les résultats escomptés, METAGRI OPS incluait de nouvelles composantes telles que la formation, le développement des compétences en communication, des outils de rétroaction et d'évaluation, ainsi que le renforcement institutionnel.

La co-production devient règle : ANADIA

L'héritage de METAGRI a été repris au Niger par l'initiative ANADIA, qui a enrichi le processus de co-développement des services agrométéorologiques avec des éléments qui n'avaient jusqu'alors été développés qu'à un stade embryonnaire. Cela inclut la compréhension participative des risques, un mécanisme itératif d'échange, de compréhension et d'évaluation des services proposés avec les utilisateurs et d'autres acteurs (médias, vulgarisation agricole et collectivités), ainsi qu'un mécanisme de communication bidirectionnelle à canaux multiples. La mise en œuvre de ces processus de co-production est devenue un catalyseur de partenariats stratégiques visant à favoriser l'innovation pour le développement durable, qui, avec le temps, et après la fin du projet, a permis de maintenir et d'élargir la base d'utilisateurs. Dans le cas d'ANADIA, la valeur du processus de co-production transdisciplinaire est ressortie comme un résultat central de l'initiative (Tarchiani et Bacci, 2024).

ANADIA a permis de mettre en lumière certaines leçons importantes qui peuvent être d'une utilité pratique pour les chercheurs et les praticiens intéressés par ce domaine, tant dans les pays en développement que dans les pays développés :

1. Le processus de co-production de services climatiques a une valeur intrinsèque en plus des avantages qu'il apporte pour une meilleure conception, développement, distribution, accès et adoption des résultats. La valeur ajoutée du processus réside dans le comblement de l'écart entre différents systèmes de connaissances, permettant la fertilisation croisée entre les disciplines et la complémentarité entre les différents niveaux de prise de décision. Le processus permet la création d'une communauté d'acteurs égaux, la démocratisation de l'accès aux informations et connaissances climatiques, ainsi que l'établissement de relations de confiance mutuelle.
2. Le processus doit être cyclique, itératif et interactif. L'innovation est introduite par des essais, qui sont testés, évalués et améliorés à plusieurs reprises avec la participation de toutes les parties prenantes, chacune jouant son rôle. Les changements et ajustements en cours indiquent l'efficacité du processus, la participation et l'intérêt pour l'amélioration. Même si un cycle ne produit pas l'amélioration attendue des résultats, il est toujours bénéfique, car il a exploré une nouvelle hypothèse et renforcé la synergie entre les acteurs.
3. Les climatologues et experts des SMN ne sont pas habitués à adopter des approches en sciences sociales pour l'engagement des acteurs, le partenariat, la construction de la confiance et le partage des connaissances. La co-production des services climatiques exige de secouer le paradigme d'un processus d'innovation linéaire allant des producteurs aux utilisateurs. L'innovation est un processus cyclique où les différences de connaissances et de points de vue sont un atout et une valeur ajoutée, si les acteurs sont en mesure de les accepter et de les adopter. La volonté d'apprendre des autres est donc la première condition pour que les acteurs s'impliquent dans le processus.
4. La collaboration dans la co-production rassemble les gens le long de deux axes différents : les disciplines et les rôles.

Ces deux types de collaboration conduisent à une meilleure compréhension du contexte et des besoins, ouvrant la voie à des services axés sur la prise de décision. Le premier plaide en faveur de la transdisciplinarité scientifique permettant l'intégration des connaissances liées au climat avec d'autres connaissances sectorielles (environnement, agronomie, pastoralisme, économie, etc.) dans une perspective de fertilisation croisée. Le second concerne le concept de complémentarité entre les systèmes de connaissances et élargit les connaissances admissibles dans le processus de production des services climatiques, incluant des connaissances non scientifiques et des perspectives des communautés et des décideurs. En outre, le deuxième niveau favorise le transfert de propriété du service de l'équipe centrale du projet à la communauté des acteurs, ce qui est essentiel pour la durabilité au-delà de la durée de vie du projet. De plus, et de manière stratégique, les collaborations et les relations établies, ainsi que la culture de la coopération et de l'apprentissage ensemble, créent un cercle vertueux permettant de faciliter davantage le développements d'innovations et d'applications, même dans d'autres secteurs qui n'étaient pas visés initialement par le service.

5. Le suivi-évaluation et l'apprentissage (MEL) sont une composante fondamentale du processus d'apprentissage social itératif et interactif qui soutient la co-construction des services climatiques. Le MEL permet non seulement l'amélioration progressive du service, mais renforce également le partenariat entre les acteurs, crée la propriété du service et renforce enfin la durabilité. De plus, en démontrant la valeur du service, le MEL peut convaincre les décideurs et les bailleurs de fonds de réaliser des investissements supplémentaires. Cependant, la valeur du processus de co-production ne peut être évaluée uniquement en termes de résultats concrets. La valeur du processus est difficile à mesurer ,car elle est un résultat intangible. Par conséquent, un cadre de référence est nécessaire pour reconnaître la valeur substantielle inhérente au processus de co-développement.

6. La co-production de services climatiques est un processus complexe qui ne doit pas être sous-estimé. Cependant, il peut désormais être abordé de manière plus systématique par rapport à il y a quelques années seulement. Il existe des cadres de référence (Vincent et al., 2018 ; Daniels et al., 2019 ; Visman et al., 2022) et des manuels (Carter et al., 2019) qui peuvent grandement soutenir ceux qui se lancent dans ce domaine. Quoi qu'il en soit, pour être correctement mis en œuvre, il nécessite un cycle de financement à long terme en termes de temps et de ressources que les bailleurs de fonds ne sont pas toujours prêts à allouer. L'expérience au Niger a duré 9 ans, de 2013 à 2021, et l'Agence Italienne de Coopération au Développement a permis une certaine flexibilité dans l'allocation budgétaire. Le projet, dans sa deuxième phase, s'est appuyé sur les résultats de la première phase et a été en mesure de répondre aux besoins qui sont apparus au cours du processus, même s'ils n'avaient pas été pris en compte dès le départ dans le plan de mise en œuvre. Le projet a donc permis une perspective à long terme et le développement de plusieurs outils de renforcement des capacités des acteurs locaux et nationaux aux niveaux national et local.

ENCADRÉ *7. ANADIA au Niger*

Au cours de la dernière décennie, les projets ANADIA (première phase 2013-2016 et deuxième phase 2017-2021), cofinancés par l'Agence Italienne de Coopération au Développement et mis en œuvre par l'Institut pour la Bioéconomie du Conseil National de la Recherche (Italie) en collaboration avec le Service Météorologique du Niger (DMN) et le Polytechnique de Turin, ont participé au développement conjoint de services climatiques au Niger. Le projet a promu un processus rigoureux mais participatif d'évaluation des risques climatiques dans les régions de Dosso (Tiepolo et al., 2018) et Tillaberi (Tiepolo et al., 2019) au Niger, puis a identifié les municipalités particu-

lièrement à risque et facilité la co-définition avec les acteurs locaux des stratégies d'atténuation les plus adaptées (Tiepolo et Tarchiani, 2016 ; Katiellou et al., 2021). ANADIA a donc encouragé le développement conjoint de services climatiques dédiés aux populations rurales, adoptant une approche flexible et intégrée de la recherche au développement et de la formation, ce qui a permis de co-concevoir, co-développer, co-tester et co-évaluer avec les partenaires nationaux et les acteurs locaux des services climatiques qui sont devenus opérationnels dans la phase finale. Ces services visent à aborder les principaux risques climatiques au Niger, à savoir les inondations et la sécheresse. Plus précisément, il s'agit du Système d'Alerte Précoce Local Sirba contre les Inondations (SLAPIS) et de l'assistance agrométéorologique aux petits producteurs ruraux contre les sécheresses.

Ce dernier visait à soutenir les petits agriculteurs dans la gestion du risque de sécheresse, leur permettant d'optimiser les ressources disponibles et d'améliorer les rendements des cultures (Tarchiani et al., 2021a). En adoptant une approche itérative d'apprentissage social, la DMN, les municipalités, les agents de vulgarisation locaux, les radios rurales et les agriculteurs ont co-développé, au fil de plusieurs années de collaboration, des procédures d'analyse et de prévision agrométéorologiques adaptées à une utilisation locale, un mécanisme de formation et d'information, ainsi qu'un système de communication efficace. En adoptant et en adaptant l'approche développée par l'OMM dans le cadre du projet METAGRI (Tarchiani et al., 2017), l'assistance agrométéorologique pour les petits agriculteurs a été mise en œuvre dans 8 municipalités des régions de Dosso et Tillaberi au Niger. Ces services ont été co-conçus avec les utilisateurs, produits et largement diffusés au cours de quatre saisons culturales (2017-2020), dans le but de créer un mécanisme durable, même à la fin du projet, où le réseau de relations et de collaborations locales (services météorolo-

giques nationaux, agriculteurs formés et services de vulgarisation) est stable et solide.
Entre 2018 et 2021, 35 ateliers locaux ont été organisés pour 700 villages et 1469 ménages. En 2020, une évaluation d'impact indépendante a montré comment les agriculteurs ont largement utilisé le service agrométéorologique, assurant une réduction significative des pertes et une augmentation des rendements d'environ 20% (Bacci et al., 2023).
Les projets ANADIA ont utilisé des réunions et des séminaires participatifs pour définir les mécanismes d'échange d'informations et de produits. Au cours des trois années d'intervention, deux réunions ont été organisées chaque année, l'une avant (préparation) et l'autre après (évaluation) la saison culturale, au cours desquelles les experts des services météorologiques nationaux, les services de vulgarisation agricole, les députés des municipalités pilotes et les journalistes des radios locales ont échangé et discuté de l'amélioration itérative des services agrométéorologiques. Les produits d'information diffusés au cours de trois années étaient les prévisions climatiques saisonnières et les conseils agronomiques, les prévisions agrométéorologiques à 10 jours (Bacci et al., 2020) et les prévisions météorologiques à 24-72 heures, ainsi que les bulletins agrométéorologiques à 10 jours comprenant des indicateurs de suivi de la saison culturale. Ces produits ont été diffusés via un réseau consolidé reliant les acteurs clés au niveau central et local, notamment diverses solutions et médias tels que les courriels, les messages instantanés, les messages texte (SMS), les émissions radio, les séminaires itinérants et les services de vulgarisation agricole, avec une fréquence et un timing spécifiques.

La durabilité réside dans la collaboration : CCAFS

Au Sénégal, l'expérience de METAGRI a été recueillie et retravaillée en se concentrant sur deux aspects principaux : l'amélioration de l'utilisabilité des prévisions climatiques saisonnières et l'amélioration du mécanisme de communication. Au Sénégal, l'ANACIM (Agence Nationale de l'Aviation Civile et de la Météorologie) a investi depuis longtemps dans la diffusion des prévisions saisonnières et a formé un partenariat stratégique avec l'IRI pour réduire l'échelle au niveau local et développer des produits utilisables par les agriculteurs. En matière de communication, l'ANACIM a développé un partenariat stratégique avec l'Union des Radios Associatives et Communautaires du Sénégal (URAC), une association de 73 stations de radio communautaires promouvant le développement économique par la communication et l'échange d'informations locales. En outre, une plateforme (Météo Mbay) qui permet aux agriculteurs et/ou Organisation de Producteurs d'avoir des informations pluviométriques (par SMS et appels vocaux sur les téléphones mobiles) avant, pendant et après les semences a été créée grâce à un partenariat public-privé. En outre, au fil du temps, le service s'est développé à partir d'une initiative pilote pour couvrir une grande partie du territoire national grâce à l'agrégation de nombreuses parties prenantes. Ce processus d'expansion est très important du point de vue de la durabilité des services agrométéorologiques. Blundo-Canto et al (2021) ont montré comment cette mise à l'échelle nationale d'un projet pilote a produit des résultats systémiques qui ont traversé les frontières institutionnelles, sectorielles et de gouvernance.

Il en résulte un processus de transformation basé sur l'amélioration des services, l'émergence et la consolidation de facilitateurs, la mobilisation des parties prenantes et l'autonomisation des acteurs. Les facteurs qui ont soutenu la mise à l'échelle au Sénégal comprennent le renforcement des capacités, le partage des connaissances et les plates-formes d'action, les opportunités d'interaction et d'apprentissage, et un environnement politique national et international favorable.

***ENCADRÉ 8**. ANACIM-CCAFS Sénégal*

Suite à l'expérience de METAGRI, l'ANACIM au Sénégal, en collaboration avec le Programme de recherche du CGIAR sur le changement climatique, l'agriculture et la sécurité alimentaire (CCAFS), le International Crops Research Institute for the Semi-Arid Tropics (ICRISAT) et l'International Research Institute for Climate and Society (IRI), à partir de 2011 s'engage à développer et diffuser des services agrométéorologiques pour les agriculteurs. L'approche était basée sur i) des paysans pilotes sélectionnés pour aider à diffuser les informations météorologiques et climatiques et les recommandations techniques aux autres agriculteurs, ii) des séminaires itinérants pour sensibiliser les acteurs locaux à l'importance des informations climatiques dans la prise de décision et les familiariser avec les prévisions météorologiques et le jargon utilisé par les prévisionnistes et iii) des pluviomètres distribués aux agriculteurs pour leur permettre de collecter et d'interpréter les données pluviométriques. En outre, la collaboration avec l'IRI a permis d'établir des prévisions pluviométriques saisonnières plus précises et plus spécifiques, et de renforcer la capacité des partenaires à effectuer des analyses à plus long terme et à fournir des informations ciblées aux agriculteurs. Les prévisions fournies comprennent les précipitations totales, le début et la fin de la saison des pluies, ainsi qu'une prévision à 10 jours de la saison des pluies.

Les informations étaient transmises aux agriculteurs sous la forme de conseils agrométéorologiques adaptés à leurs besoins locaux par le biais d'émissions radiophoniques spéciales. Le projet a démarré dans la région de Kaffrine avec quelques villages, puis la portée géographique a été élargie grâce à un partenariat avec l'URAC. La portée de l'union s'étend à l'ensemble des 14 régions administratives du Sénégal et fonctionne dans les langues locales. La nature interactive du programme radio permet aux auditeurs de faire part de leurs commentaires, y compris des informations supplémentaires, des points de vue et des demandes de clarification. À la suite de ces actions et afin de faciliter le développement des services, leur interprétation sous forme de conseils, leur diffusion et leur adoption par les utilisateurs, l'ANACIM a mis en place des groupes de travail locaux multidisciplinaires visant à transmettre les informations climatiques aux agriculteurs. Au cours des années suivantes, les services et les groupes de travail pluridisciplinaires ont été mis à l'échelle pour couvrir la plupart des départements du Sénégal (Ouedraogo et al., 2018), dans le cadre d'une expansion rapide de l'échelle pilote à l'échelle nationale.

Une évaluation réalisée en 2015 a estimé que, grâce aux stations de radio communautaires rurales et aux messages textuels, environ deux millions de personnes ont eu accès à des informations sur le climat, avec une portée démographique prévue de 7,4 millions de personnes rurales à travers le Sénégal (Lo et Dieng, 2015). Une nouvelle évaluation en 2017 (Ouedraogo et al., 2018) a révélé que 78% des personnes interrogées ont utilisé les services diffusés pour guider leur prise de décision au début de la saison des pluies. Les résultats indiquent également que 94% des personnes interrogées ont partagé les informations ou les connaissances acquises au cours de la formation avec leurs parents, leurs amis et les membres de leurs organisations, dont 11% de femmes. À la fin de la campagne agricole, 95,7 % des agriculteurs interrogés

étaient très satisfaits de la décision qu'ils avaient prise à la suite de la réception des avis et 78,4 % ont certifié que le rendement de leurs cultures s'était considérablement amélioré.
Plusieurs bailleurs de fonds ont soutenu la diffusion du service dans tout le Sénégal, ce qui a également été facilité par l'environnement de financement mondial favorable à la recherche sur le changement climatique et à l'action de développement. Le réseau d'acteurs qui ont interagi directement ou indirectement dans le processus de mise à l'échelle comprenait plus de 161 acteurs. Ces acteurs ont été impliqués à différents niveaux et avec différents rôles, qui ont évolué au fil du temps. Quinze types d'acteurs ont émergé, parmi lesquels les organismes de financement nationaux et internationaux (24%), les services des collectivités locales (18%), les différents Ministères et leurs bureaux (10%), les ONG sénégalaises (7%), les organisations de producteurs (7%), les instituts de recherche et les universités nationales et internationales (6%), les médias, des radios communautaires aux journaux et aux journalistes (6%) (Blundo-Canto et al., 2021).

Les bénéfices socio-économiques du processus : CREWS au Burkina Faso

Ces dernières années, l'OMM a réinvesti dans les services agrométéorologiques pour les agriculteurs grâce à l'initiative CREWS. Au Burkina Faso, CREWS a repris l'expérience de METAGRI en la renforçant à la fois sur le plan institutionnel et collaboratif, ainsi que sur le plan technique et logistique, en mettant un accent particulier sur la communication avec les agriculteurs et la diffusion de l'information. Cela a permis de changer la perception des utilisateurs et de renforcer leur confiance à la fois dans le service météorologique (ANAM) et dans ses produits. CREWS a également permis de réaliser la plus vaste évaluation d'impact des services agrométéorologiques jamais réalisée en Afrique de l'Ouest. En plus du grand nombre d'agriculteurs impliqués (environ 600), cette évaluation a été importante car, pour la première fois en Afrique de l'Ouest, elle n'a pas seulement évalué les résultats, mais l'ensemble du processus, de la qualité des produits à leur accès par les utilisateurs, leur adoption, et enfin leur impact (Tarchiani et al., 2021).

Au niveau des impacts, l'étude de Tarchiani et al. (2021) indique que les coûts de production du sorgho sont réduits de 40%, les rendements du sorgho sont augmentés de 41% et les bénéfices bruts augmentés de 267%. Ces résultats (tableau 4) comparés aux études précédentes (Roncoli et al., 2009; Zongo et al., 2015; Ouedraogo et al., 2015) suggèrent que l'utilisation des services agrométéorologiques gagne du terrain au Burkina Faso avec des preuves directes d'impacts en termes d'augmentation des rendements et des bénéfices économiques.

Variables	Pilote	CONTRÔLE
N. semis	1,47	2,53
Quantité de semence kg/ha	24,97	39,10
N. fertilisations	1,72	3,07
Quantité fertilisants kg/ha	50,99	105,60
Jours de travail/ha	37,25	56,48
Rendement kg/ha	1 400,31	991,98
Coût (FCFA/ha)	87 574,09	145 933,10
· Semence (FCFA/ha)	8 738,372	13 688,25
· Fertilisants (FCFA/ha)	22 947,01	47 519,70
· Main d'œuvre (FCFA/ha)	55 888,70	84 725,17
Revenu (FCFA/ha)	280 061,10	198 397,40
Bénéfice (FCFA/ha)	192 487,00	52 464,24
Observations	301	302

Tableau 2. Statistiques descriptives, paysans pilotes et contrôle au Burkina Faso 2019-2020 (Adapté de Tarchiani et al. 2021)

Les leçons apprises de CREWS Burkina Faso indiquent que les Services agrométéorologiques ne peuvent pas être évalués comme un simple produit, mais doivent être abordés comme un processus par lequel les producteurs et les utilisateurs s'engagent à identifier les besoins, à développer des procédures, à tester et à affiner le service, y compris les canaux de diffusion, et à établir des relations et une confiance à long terme.

La définition des objectifs, des priorités, des responsabilités et des attentes fait partie de la réussite d'un tel processus. De multiples acteurs sont impliqués, à savoir le personnel des SMHN, les agents de vulgarisation agricole, les médias et les agriculteurs, et leur collaboration et leur coopération facilitent l'adoption et la confiance dans les services.

ENCADRÉ 9*. CREWS*

CREWS (Climate Risks & Early Warning Systems) est une initiative internationale lancée lors de la Conférence des Nations Unies sur les Changements Climatiques à Paris en 2015.

Le projet CREWS Burkina Faso (WMO-Banque Mondiale) fait partie de la constellation des projets lancés en Afrique et en est le premier projet national. Le projet a démarré officiellement en juillet 2017 et est terminé en décembre 2021. CREWS Burkina Faso prévoyait un volet agrométéorologique important finalisé à améliorer l'approche METAGRI en fournissant une série de services aux agriculteurs dans certaines municipalités pilotes. Une évaluation d'impact extensive a été réalisée dans les saisons agricoles 2019 et 2020 avec environ 300 producteurs (150 traités et 150 témoins) dans 12 villages pour chaque année (Tarchiani et al., 2021).

Les résultats des enquêtes montrent que 86% des agriculteurs formés ont eu un accès régulier à des Services

AgroMétéorologiques compréhensibles pendant les saisons de culture 2019 et 2020, de mai à octobre et la répartition moyenne par sexe est de 65% d'hommes et 34% de femmes. L'accès à l'information se fait principalement par le biais des radios communautaires, puis par les séminaires itinérants, des contacts directs avec les agents de vulgarisation et des messages textuels. Au cours des trois années d'activité du projet, la perception des services fournis par les utilisateurs a légèrement évolué.

En effet, au début, le projet s'est heurté à la résistance de nombreux agriculteurs qui avaient l'habitude de fonder leurs décisions uniquement sur leurs connaissances empiriques. Toutefois, la volonté du projet de faciliter l'intégration des connaissances locales en matière d'informations climatiques a été très utile pour convaincre les agriculteurs réticents et désormais les informations climatiques ou météorologiques sont considérées comme un intrant agricole.

L'action des agriculteurs renvoie à des choix stratégiques ou tactiques, les premiers étant indispensables pour bien planifier la campagne agricole et les seconds nécessaires pour optimiser les ressources utilisées.

Dans le système pluvial du sorgho, 84% des agriculteurs ayant accès à l'information ont utilisé les services pour choisir les variétés de cultures et les toposéquences à exploiter et pour préparer les terres ; 83% d'entre eux ont également déclaré avoir utilisé les services pour choisir la période de semis, et enfin 82% ont utilisé les prévisions météorologiques pour d'autres pratiques culturales.

En revanche, les maraîchers ne sont pas encore aussi enclins à utiliser ces services : seulement 55% ont déclaré les avoir utilisés pour la préparation des pépinières.

Décision		2019 (151 obs.)	2020 (150 obs.)	Moyenne 2019-20 (301 obs.)
Stratégique	Variété de semences, préparation du terrain, toposéquences sur la base de prévisions saisonnières	82%	86%	84%
	Création de pépinières pour les maraîchers sur la base de prévisions saisonnières	45%	65%	55%
Tactique	Période de semis basée sur prévisions saisonnières	80%	86%	83%
	Désherbage, fertilisation, périodes de traitement sur la base de prévisions météorologiques	79%	85%	82%

Tableau 3. Utilisation des services agrométéorologiques au Burkina Faso (adapté de Tarchiani et al. 2021)

VII. DISCUSSION. CONCLUSIONS. RECOMMANDATIONS

Les dernières années ont vu un nombre croissant d'études de documentation et d'évaluation de services climatiques en agriculture tant en Afrique de l'Ouest qu'ailleurs. Tall et al. (2018) ont analysé vingt-cinq études, dont quatorze sur l'Afrique et onze sur d'autres parties du monde et ont constaté que les méthodes d'évaluation des services climatiques englobent des approches méthodologiques qualitatives, contextuelles et quantitatives. Mais jusqu'en 2018 seulement quelques études ont pu déterminer la valeur des services climatiques pour les agriculteurs. Vaughan et al. (2019) ont passé en revue 66 études qui ont évalué les résultats et/ou les impacts des services agrométéorologiques en Afrique. Alors que l'évaluation des résultats des services est relativement simple, les estimations du nombre de personnes qui accèdent à ces services et les utilisent sont irrégulières (elles ne couvrent qu'un petit nombre de communautés dans 23 des 54 pays africains) et très variables (les estimations de l'accès vont de ~2 à 86%, selon le service et la population). Dans le même temps, 22 études estiment l'impact des services sur les rendements et/ou les revenus. Élaborées à l'aide de diverses méthodes, ces estimations sont également très variées et illustrent la façon dont l'impact est conditionné par un certain nombre de caractéristiques du service, de l'utilisateur et du contexte dans lequel ils opèrent.

En Afrique de l'Ouest, les études de cas analysées dans les chapitres précédents complètent le travail de Vaughan et montrent que les efforts considérables dans le développement des services agrométéorologiques pour les petits exploitants agricoles de céréales en pluvial ont produit des bénéfices socio-économiques et environnementaux significatifs. De plus, ils ont démontré que les agriculteurs, même dans les zones rurales plus reculées, sont prêts à profiter de ces services pour prendre des décisions stratégiques et tactiques en matière de gestion agricole, en raison des avantages qu'ils perçoivent. Comme le démontre l'étude de Bacci et al. (2023), le transfert de connaissances à la population rurale sur la manière d'accéder et utiliser correctement les services disponibles est la pierre angulaire pour améliorer les performances de la production agricole. Ces avantages se traduisent par une réduction des coûts de production et une augmentation des revenus, ainsi que par des effets positifs sur la pollution de l'eau et l'érosion des sols (Tarchiani et al. 2021). Une agriculture intelligente face au climat, basée sur les services agrométéorologiques, réduit les risques et les coûts associés, mais la mise à l'échelle de ces services exige de repenser le mécanisme de vulgarisation agricole. En effet, les expériences récentes ont montré la centralité des services déconcentrés de l'agriculture qui devraient prendre en charge l'encadrement des agriculteurs pour une utilisation appropriée du service et faire d'intermédiaires entre SMN et producteurs dans le processus de co-production. L'exemple du Niger montre que ces deux aspects résultent parmi les plus coûteux dans la mise en œuvre d'un service agrométéorologique pour les producteurs, tandis que l'automatisation de la production de prévisions agrométéorologiques et les progrès des technologies de l'information et de la communication garantissent des coûts marginaux dans la mise à l'échelle (Bacci et al. 2023).

Dans les dernières années, en plus des séminaires itinérants (qu'on a déjà mentionnés), les modèles FFS

(Farmers Fields Schools), PICSA et PSP ont été testés en Afrique et en Asie. Les champs-écoles des producteurs (FFS) sont une approche promue par la FAO qui place la personne au centre du processus d'apprentissage (FAO, 2016). L'approche des Services Climatologiques Participatifs et Intégrés pour l'Agriculture (PICSA) cherche à aider les producteurs à prendre des décisions adéquates fondées sur des données climatiques et météorologiques historiques et spécifiques à la localité et avec l'utilisation d'outils participatifs pour aider à la prise de décision (Dorward et al., 2015). La Planification Participative des Scénarios (Participatory Scenario Planning - PSP) est une approche pour traduire les prévisions climatiques saisonnières en informations adaptées au contexte local (CARE, 2018). Cependant, les services de vulgarisation sont de plus en plus démunis de personnel et de ressources. Il devient donc nécessaire de définir un modèle de durabilité économique à adopter pour les services agrométéorologiques, incluant des partenariats publics-privés et éventuellement un retour économique pour les services fournis.

Les coûts des services pourraient être couverts par un modèle utilisateur-payeur (peu réaliste dans le contexte des petits agriculteurs) ou par des tierces parties. Paparrizos et al. (2023) ont identifié trois principaux scénarios potentiels pour la viabilité économique des services agrométéorologiques. Dans le premier scénario (intégration horizontale), il existerait une source de revenus stable provenant de la recherche et des SMN avec la participation d'acteurs externes tels que les entreprises privées. Cependant, dans de nombreux cas, les SMN sont également confrontés à des problèmes de moyens financiers et de sous-financement. Un deuxième modèle (intégration verticale), intègre d'acteurs économiques déjà présents dans la chaîne de valeur des petits exploitants agricoles. Ce partenaire prendrait en charge les coûts d'exploitation et de maintenance et absorberait ainsi les coûts pour l'utilisateur final bénéficiant indirectement de l'augmentation du rendement des agriculteurs. Ce partenaire pourrait être également l'état qui tire bénéfice de l'augmentation de la production agricole. Le troisième modèle est un mélange de certains éléments des deux autres scénarios où le coût du service est pris en charge par un écosystème d'organisations partenaires combinant plusieurs sources de revenus (d'entreprises privées, de gouvernements, de projets et de partenaires). Toutefois, ce modèle commercial mixte est plus complexe et incertain et nécessite une planification et un développement commercial minutieux. Ce troisième modèle a été, dans une certaine mesure, adopté au Sénégal à la suite de l'expérience du CCAFS.

Entre-temps, la littérature s'est intéressée aussi à documentaire le processus de coproduction dans des pays en développement (Butterfield et Osano, 2020 ; Daniels et al., 2020 ; Steynor et al., 2020, entre autres) et dans des pays développés (Krauß, 2020 ; Kruk et al., 2017 ; Prokopy et al., 2017, Tarchiani et Bacci, 2024). De plus, certains cadres de référence structurés pour la co-production des services climatiques ont récemment été proposés par différents auteurs, basés sur des expériences spécifiques ou des revues de la littérature :

- Le modèle de prisme de co-production suggère huit "lentilles" pour examiner la production de la science du climat (Bremer et Meisch, 2017) afin de tenir compte de la complexité du processus.
- Les principes et caractéristiques du cycle de co-production issus d'une revue exhaustive de la littérature (Vincent et al., 2018).

- Le manuel de co-production des services météorologiques et climatiques africains du WISER (Weather and Climate Information Services for Africa) fournit des éléments de base et des principes basés sur plusieurs expériences en Afrique (Carter et al., 2019).
- Le cadre Tandem adopté par l'Institut de l'Environnement de Stockholm propose des étapes itératives pour informer, guider et structurer l'interaction transdisciplinaire entre les acteurs (Daniels et al., 2020).

Tous ces cadres visent à fournir des références théoriques ainsi que pratiques aux chercheurs et aux praticiens qui s'aventurent dans cette interface entre la science et la société que Bremer définit comme *terra incognita*, où il suggère – de manière pragmatique – "d'apprendre en faisant" (Bremer et al., 2019).

Ce livre a décrit un certain nombre de cas, sans prétendre d'être exhaustif, mais plutôt pour montrer l'évolution spatiale et temporelle des services agrométéorologiques au Sahel au cours des dernières décennies. Comme expliqué dans le chapitre VI, la logique de la "co-production de services" agit comme un pont entre la science et la société, quel que soit le niveau de prise de décision. Pour produire un service innovant et qu'il soit utilisé et donne des résultats sur le terrain, une forte collaboration entre les compétences techniques et les connaissances locales est nécessaire, établissant ainsi une relation mutuelle de coopération et de confiance entre les parties prenantes. Cette symbiose entre les acteurs se construit au fil du temps, grâce à des activités de transfert de connaissances et des processus inclusifs, basés sur une interaction continue entre les chercheurs, les parties prenantes et la société. La mise en œuvre de tels processus devient un agrégateur de partenariats stratégiques visant l'innovation pour le développement durable.

Dans certains cas, comme celui d'ANADIA au Niger, la valeur du processus de co-production transdisciplinaire est apparue comme un résultat central du projet. L'avantage du processus était également de mettre en lumière de nouvelles questions ou besoins qui n'avaient pas été correctement identifiés ou qui ont évolué au fil du temps. Par conséquent, la qualité du processus doit être analysée, outre les résultats tangibles produits. Cependant, le processus n'est pas gratuit et nécessite du temps et des efforts. Il doit être adéquatement soutenu par des lignes budgétaires appropriées permettant des interactions continues et régulières, en tenant compte également du fait que, dans les sociétés africaines, les réunions en personne demeurent fondamentales, voire souvent obligatoires. Ce processus dépasse le cycle de projet normal. Par conséquent, il est nécessaire de disposer de cycles de financement plus longs et de flexibilité dans l'allocation des budgets et la planification des activités. Pour convaincre bailleurs et gouvernements de la nécessité de ces investissements supplémentaires, des méthodes adaptées et durables d'évaluation de la valeur ajoutée du processus de co-développement en termes de partenariat et de renforcement de la confiance entre les acteurs, de génération de connaissances et de fertilisation croisée, de transdisciplinarité et de complémentarité doivent être développées et appliquées.

Même si plusieurs cadres d'évaluation des résultats du processus de co-production ont été proposés (Wall et al., 2017 ; Bremer et al., 2021 ; Salamanca et Biskupska, 2021 ; Visman et al., 2022), aucune méthode n'a encore été suggérée pour évaluer la valeur ajoutée du processus de co-production des services climatiques. Pour ce faire, une plus forte collaboration entre scientifiques du climat et des sciences sociales est à envisager. Selon Steynor

(2020), une évaluation qualitative peut inclure une meilleure compréhension mutuelle de l'arène commune par les détenteurs de connaissances, des relations renforcées développées tout au long du processus, ainsi qu'une meilleure circulation des données, de l'information et des retours d'informations. De plus, Tarchiani et Bacci (2024) suggèrent quatre dimensions pour l'évaluation de la valeur ajoutée du processus qui sont *i)* le co-développement du service, *ii)* le fonctionnement du service, *iii)* l'expansion du service et *iv)* les nouveaux services.

En aval de cette revue historique, les auteurs proposent certaines recommandations pour avancer dans le développement de services agrométéorologiques efficaces et durables :

- Adopter une approche de co-développement, notamment intégrer les connaissances des agriculteurs dans les outils et analyses agrométéorologiques et favoriser l'appropriation et la confiance dans les services co-développés. Impliquer les agriculteurs dans le processus de développement contribue également à créer une attitude proactive dans l'ensemble du système de surveillance en facilitant la remontée d'informations du terrain.
- Renforcer la crédibilité des informations produites, d'une part en consolidant la crédibilité des institutions qui les produisent, et d'autre part en les fondant sur des données et des preuves scientifiques qui feront la différence par rapport à l'énorme quantité d'informations fausses et non étayées scientifiquement qui pullulent sur le web et dans les médias.
- Chercher à harmoniser davantage l'ensemble du processus des services climatiques pour l'agriculture, de la collecte des données sur le terrain à la modélisation, à la télédétection, à la production d'informations, à la communication et à la réception du message par les utilisateurs finaux. En somme, tout fait partie d'un système qui ne fonctionne pas au mieux si l'un de ces composants est laissé de côté.

- La collaboration internationale est souhaitable pour une meilleure efficacité des investissements réalisés. Les expériences passées et présentes nous montrent que des cas de collaboration technique et scientifique équilibrés et démocratiques sont possibles. Les collaborations entre entités homologues sont à envisager, surtout s'il s'agit d'institutions publiques.
- Effectuer des évaluations des services fournis en utilisant des données collectées sur le terrain (précision, appréciation des services par enquête, capacité à les utiliser, impacts). Consacrer des ressources à l'évaluation de l'efficacité des services fournis est la clé pour améliorer les services offerts, mais aussi pour démontrer leur valeur ajoutée aux décideurs politiques.
- Explorer le partenariat public-privé pour favoriser la durabilité du service en transférant une partie des coûts actuellement supportés par les SMN. Les partenariats peuvent impliquer des acteurs de la chaîne de valeur agricole (fournisseurs d'intrants, commerçants) mais aussi des acteurs du système bancaire et de l'assurance agricole.
- Renforcer la synergie entre le service météo et l'agriculture au niveau régional afin que le service de vulgarisation agricole puisse être un point focal pour la diffusion des informations et être une référence au niveau communal, intégrant pleinement les informations agrométéorologiques dans les paquets techniques de soutien aux agriculteurs.
- Élargir la portée des services agrométéorologiques en y incluant les nouvelles questions et les nouveaux défis posés par le changement climatique, tels que les impacts des excès hydriques (la stagnation de l'eau, l'humidité excessive du sol, les inondations) en agriculture. Comme on l'a déjà commenté dans le chapitre VI, la perspective pour l'ensemble du Sahel est une intensification des pluies et donc un risque accru d'inondations.
- Rétablir le lien entre l'alerte précoce et l'assistance aux agriculteurs afin que les deux approches puissent bénéficier des avancées technologiques réalisées. L'assistance agromé-

téorologique peut tirer parti des efforts déployés à travers l'Agenda Early Warning for All (EW4All) et son plan pour l'Afrique en termes de prévisions et de communication d'alerte via les TIC, tout en reconnaissant que, dans le cas des avis pour les agriculteurs, les messages sont différents et plus complexes. D'autre part, EW4All peut bénéficier de l'expérience du contact direct avec les populations des services agrométéorologiques.

- Le développement et l'application des services agrométéorologiques nécessitent des conditions normales pour être transférés aux communautés locales. Dans un contexte international d'insécurité politique croissante et de conflit, un nouveau défi se pose quant à la manière de faire parvenir ces connaissances dans des territoires difficilement accessibles ou où les soucis sécuritaires ont pris le pas sur le développement agricole. Le retour de la paix au Sahel est donc aujourd'hui la condition sine qua non du développement et de la durabilité de l'agriculture.

ANNEXES

Annexe A.1.

LES MODÈLES AGROMÉTÉOROLOGIQUES

DHC

Le modèle de diagnostic hydrique des cultures (DHC), basé sur la simulation du bilan hydrique du sol, a été utilisé à AGRHYMET pour simuler les dates de début de saison, les indices de satisfaction des besoins en eau et les rendements potentiels (Traoré et al., 2014).

Ce modèle a été initialement alimenté en données par les précipitations quotidiennes provenant du réseau régulier des pays membres du CILSS (et ultérieurement également par des estimations des précipitations à partir des images infrarouges de METEOSAT avec la version DHC-CP), les valeurs décadaires moyennes de l'évapotranspiration potentielle (PET) et la capacité de stockage d'eau potentielle du sol au-dessus du point de flétrissement dans la première couche d'un mètre (Dingkuhn et al., 2003).

Le modèle DHC a depuis été amélioré pour inclure, en plus du simple bilan hydrique, un bilan carbone et des modules prenant en compte la sensibilité à la photopériode, une caractéristique encore dominante dans les variétés de cultures cultivées par les agriculteurs d'Afrique de l'Ouest (Traoré et al., 2004, Traoré et al., 2010).

SARRA

Sur la base du Système d'Analyse Régional des Risques Agroclimatiques (SARRA) (Baron et al., 1999) développé par le CIRAD et ses partenaires en Afrique de l'Ouest, un nouveau modèle, nommé version H (SARRA-H) (*http://sarra-h.teledetection.fr/SARRAH_Home.html*), a été adapté aux besoins opérationnels de la surveillance agrométéorologique en Afrique de l'Ouest. SARRA-H simule la production et la répartition de la biomasse limitées par l'eau et le rayonnement, et est sensible à la densité de semis et à la photopériode (Dingkuhn et al., 2003). Le modèle simule le rendement atteignable en tenant compte de facteurs environnementaux qui échappent au contrôle de l'agriculteur (eau, texture du sol, météorologie), mais pas des ressources qui peuvent être gérées (nutriments). Depuis 2014 SARRA a connu aussi la version spatialisée SARRA-O. Alors que SARRA-H est limité à la réalisation de simulations ponctuelles, SARRA-O permet de lancer des simulations spatialisées à grande échelle, à partir de cartes de type de sol, de climatologie, et de pluviométrie.

SISP

Le Système Intégré de Suivi et Prévision des rendements (SISP) a été développé par le CeSIA (Centre d'Etudes pour l'Application de l'Informatique à l'Agriculture) de l'Accademia dei Georgofili et le IATA (Institut d'Agrométéorologie et Analyse Environnementale pour l'Agriculture) du Conseil National des Recherches d'Italie en collaboration avec la Direction de la Météorologie Nationale du Niger et le Centre Régional AGRHYMET.

Le système a été élaboré sur la base de plusieurs années d'essais sur des parcelles dans lesquelles l'écophysiologie du mil, les systèmes locaux de cultures, l'effet du type de sol et des facteurs climatiques, surtout la précipitation, ont été approfondis. Les activités menées dans ce cadre sur le sujet du suivi et de la prévision des rendements ont été objet de plusieurs séminaires internationaux (Bacci et al, 1992).

Le SISP était orienté vers les SMN et aux Services de l'Agriculture des Pays Sahéliens, pour soutenir leur activité de suivi de la saison agricole et de la prévision des rendements (Di Chiara et al., 1994). Les caractéristiques principales du système étaient :

- Un modèle de simulation de la croissance du mil, à faire tourner au niveau de la station météorologique de référence afin d'estimer les conditions de croissance du mil et l'effet de la distribution des précipitations sur la croissance de la culture et sur son rendement.
- Intégration de modules pour le traitement d'images satellitales NOAA-NDVI et METEOSAT de pluie estimée à travers l' utilisation des logiciels commerciaux déjà répandus pour les opérations d'interpolation spatiale, représentation graphique et traitement de base des images.
- Présentation des résultats sous forme de graphiques tableaux ou cartes utiles pour la préparation des bulletins agrométéorologiques décadaires GTP et estimation des rendements élaborée au niveau des unités administratives;;
- Apprentissage simple par l'usager, un nombre très limité de données d'entré demandé;

Le SISP a été utilisé de manière opérationnelle par la DMN du Niger jusqu'aux années 2000. Les modules pour le traitement des images NOAA-NDVI ont été développés dans le but de valoriser les données fournies pendant la saison par AGRHYMET aux Services Nationaux depuis 1991. Le SISP a été le premier modèle en Afrique de l'Ouest à être utilisé directement par les SMN.

ZAR

Le ZAR (Zones à Risque) est un modèle agrométéorologique développé dans les années 1990 dont les hypothèses sont basées sur le bilan hydrique et ses conséquences sur l'évolution des cultures (Genesio et al. 2011). L'hypothèse principale qui sous-tend le ZAR est la comparaison du cycle des cultures et la durée de la saison agricole déterminée à partir de méthodes agrométéorologiques, avec un lien entre les exigences phénologiques des cultures et les réserves hydriques des sols. Il permet de déterminer les zones à risque dès le mois de juillet au Sahel c'est-à-dire les zones où :

- les cultures se sont installées en retard, si bien qu'il ne reste pas assez de temps pour qu'elles puissent accomplir leur cycle complet ou
- après l'installation des cultures, le développement de la saison des pluies ne permet pas d'obtenir une production agricole acceptable.

Il utilisait les images d'estimation de pluies METEOSAT. L'échelle temporelle utilisée était la décade car les images d'estimation des pluies étaient produites avec cette périodicité. Le ZAR permettait de localiser ces différentes zones à risque avec une précision de 5 km (taille du pixel METEOSAT) et d'en déterminer les localités concernées, l'étendue spatiale et le nombre d'habitants vivant dans ces zones grâce à l'utilisation des bases de données spatiales et tabulaires existantes. Le degré de sévérité de ces crises s'appréciait par comparaison avec une situation normale ou d'une année de référence des différents indicateurs. Par la suite, ZAR a évolué vers le CRZMS (Crop Risk Zones Monitoring System), une application web dont la première version a été développée pour les SMN du Niger et du Mali.

L'application était basée sur une infrastructure web cohérente à source ouverte pour traiter toutes les données d'entrée et de sortie d'une manière interopérable, indépendante de la plate-forme et uniforme (De Filippis et al., 2016). L'architecture et les fonctions du système étaient basées sur le modèle agrométéorologique ZAR. Les données d'entrée et les résultats du modèle étaient accessibles à l'aide des services web de l'OGC (Open Geospatial Consortium).

CROPWAT

CROPWAT, dans ses différentes versions (5.7, 7.0, 8.0), est un logiciel permettant de calculer les besoins en eau des cultures et les besoins en irrigation en fonction des données relatives au sol, au climat et aux cultures (FAO, 1992). En outre, il permet d'élaborer des programmes d'irrigation pour différentes conditions de gestion et de calculer l'approvisionnement en eau pour différents types de cultures. CROPWAT 8.0 peut également être utilisé pour évaluer les pratiques d'irrigation des agriculteurs et pour estimer les performances des cultures dans des conditions pluviales et irriguées.

Toutes les procédures de calcul utilisées dans CROPWAT 8.0 sont basées sur les deux publications de la FAO de la série Irrigation et Drainage, à savoir le n° 56 (*Evapotranspiration des cultures - Directives pour le calcul des besoins en eau des cultures*) et le n° 33 (*Réponse du rendement à l'eau*).

AquaCrop

AquaCrop est un modèle d'estimation de la productivité de l'eau en agriculture développé par la FAO pour améliorer la productivité de l'eau dans les systèmes pluviaux et irrigués. Il simule la réponse du rendement des cultures herbacées à l'eau et est particulièrement adapté aux conditions dans lesquelles l'eau est un facteur limitant essentiel de la production végétale (Steduto et al., 2012). AquaCrop a été développé en 2009 et depuis, il a été utilisé dans le monde entier dans différentes conditions agro-écologiques.

CropSyst

CropSyst est un modèle de simulation multi-culture à pas de temps quotidien/horaire et multi-années développé pour étudier les effets du climat, des sols et de la gestion sur les systèmes de culture (Stöckle et al., 1994). CropSyst simule les bilans hydriques du sol, les bilans nutritifs (azote et phosphore), le cycle du carbone, la croissance des cultures et les rendements, la phénologie des cultures, la croissance de la canopée et des racines, la production de biomasse, la production et la décomposition des résidus, l'érosion du sol par l'eau et la salinité et d'autres paramètres selon les options de gestion définies par l'utilisateur (y compris les rotations, le labour, la fertilisation et les programmes d'irrigation, ainsi que des options pour faire face aux pénuries d'eau). CropSyst peut fournir des informations sur la pollution par l'azote, les émissions de gaz à effet de serre et la séquestration du carbone.

Le développement de CropSyst a débuté dans les premières années 1990. Une coopération efficace entre des chercheurs de plusieurs endroits dans le monde, une politique de distribution gratuite, la coopération active des développeurs de modèles et des utilisateurs dans des projets spécifiques, ainsi qu'une attention particulière portée à la conception du logiciel dès le début ont permis des progrès rapides.

CropSyst est une suite de programmes dont les composantes principales sont : l'éditeur de paramètres CropSyst, un simulateur de systèmes de culture (modèle CropSyst), un générateur de données météorologiques (ClimGen), un opérateur de simulation GIS-CropSyst (ArcCS), un outil d'analyse des bassins versants (CropSyst Watershed), une fonction d'aide de l'interface du modèle. Le code du modèle est écrit en C++ et peut être utilisé sur des plates-formes Windows ou Unix. Une interface avancée conviviale permet aux utilisateurs de manipuler facilement les fichiers d'entrée, de vérifier les paramètres d'entrée pour les erreurs de plage et la compatibilité croisée, de créer des simulations, d'exécuter des simulations uniques et en lots, de personnaliser les sorties, de produire des rapports textuels et graphiques, et de se connecter à des programmes de tableur. Les simulations peuvent être personnalisées pour invoquer uniquement les modules d'intérêt pour une application particulière.

L'intégration des utilisateurs dans le processus d'évaluation et d'amélioration du modèle a été importante dans le développement de CropSyst. Cette rétroaction a contribué à déboguer le code, à vérifier les hypothèses du modèle et la plage de leur validité, et à identifier de nombreuses fonctionnalités qui ont été introduites dans le modèle. L'interaction fréquente avec les utilisateurs a été et restera une priorité de l'équipe de développement de CropSyst. (*http://bioearth.wsu.edu/cropsyst_model.html*).

Annexe A.2.

LES SATELLITES ET LES CAPTEURS UTILISÉS EN AGROMÉTÉOROLOGIE

► Les satellites Meteosat de l'Organisation européenne pour l'exploitation des satellites météorologiques (EUMETSAT), lancés à partir de 1977 fournissent des images en temps quasi réel de la Terre, y compris des données sur les nuages, la couverture nuageuse, la température de surface et d'autres paramètres météorologiques. Ces informations sont essentielles pour la prévision météorologique, la surveillance des événements climatiques extrêmes, tels que les tempêtes, les sécheresses et les inondations, ainsi que la gestion des ressources en eau. Résolution spatiale : environ 5 km (MSG 3 km) à l'équateur, diminuant avec la latitude. Résolution temporelle : généralement, une image toutes les 15 minutes pour l'observation de la Terre.

► NOAA (National Oceanic and Atmospheric Administration) : les satellites de la série NOAA ont fourni des données météorologiques essentielles pour surveiller les conditions météorologiques en temps réel, ce qui était crucial pour la planification des cultures. Le capteur AVHRR (Advanced Very High-Resolution Radiometer) à bord des satellites NOAA a également fourni des données sur la végétation, la température de surface et d'autres variables environnementales. Il a permis de généraliser l'utilisation des indices de végétation, en particulier le NDVI (Normalised Difference Vegetation Index), pour le suivi de la végétation, des pâturages et des cultures. Résolution spatiale : environ 1,1 km à 4 km, selon le canal utilisé. Résolution temporelle : plusieurs fois par jour, avec des orbites différentes.

- LANDSAT : les satellites Landsat ont été parmi les premiers à fournir des images à des fins de télédétection agricole. Les capteurs multispectraux, tels que le capteur Thematic Mapper (TM), ont été utilisés pour surveiller la couverture terrestre, l'évolution des cultures et la détection des changements dans l'occupation/utilisation des sols. Résolution spatiale Landsat TM : environ 30 mètres. Résolution temporelle Landsat TM : environ 16 jours pour une répétition de la couverture au niveau de l'équateur.
- SPOT (Satellite Pour l'Observation de la Terre) : les satellites SPOT, en particulier SPOT-4 et SPOT-5, étaient utilisés pour acquérir des images à haute résolution spatiale, ce qui permettait de distinguer l'évolution des cultures et la détection des changements dans l'occupation/ utilisation des sols. Résolution spatiale : environ 10 mètres pour le mode panchromatique (HRG). Résolution temporelle : environ 26 jours, mais la répétition dépendait de la latitude.
- ERS (European Remote Sensing) : les satellites ERS, dont ERS-1 et ERS-2, ont été utilisés pour la surveillance des ressources en eau, y compris la détection des zones inondées et la mesure de l'humidité des sols car équipées de système de micro-ondes actif, capable d'acquérir des données à travers une épaisse couverture nuageuse ou durant la nuit. Résolution spatiale : environ 30 mètres pour le mode Imageur radar à synthèse d'ouverture (SAR). Résolution temporelle : répétition d'environ 35 jours.
- MODIS (Moderate Resolution Imaging Spectroradiometer) : les capteurs MODIS à bord des satellites Terra et Aqua de la NASA ont fourni des données à large spectre utiles pour surveiller la végétation, la température de surface et d'autres paramètres environnementaux dès la fin des années 1990. Résolution spatiale : 250 mètres, 500 mètres et 1 km, en fonction du produit. Résolution temporelle : plusieurs fois par jour.

Annexe A.3.

LES SYSTÈMES D'INFORMATION GÉOGRAPHIQUE

Les SIG sont nés de la convergence des technologies informatiques et de la cartographie au cours des dernières décennies du XXe siècle. Les premiers développements ont commencé dans les années 1960, lorsque les ordinateurs ont commencé à être utilisés pour stocker et analyser des données géographiques. Roger Tomlinson, souvent considéré comme le "père" du SIG, a développé le premier SIG opérationnel dans les années 1960 pour le gouvernement du Canada afin de gérer des données sur l'utilisation des terres (Rura et al. 2014). Au fil des années, les SIG ont évolué pour intégrer des fonctionnalités de cartographie, d'analyse spatiale et de gestion de données, devenant des outils puissants pour comprendre et résoudre des problèmes géographiques complexes. Les SIG ont trouvé de nombreuses applications dans les sciences environnementales, dans la gestion des risques et des catastrophes et dans la gestion des ressources naturelles (sols, végétation et eau) en permettant aux chercheurs et aux professionnels de visualiser, analyser et modéliser des données géographiques sur des larges terroirs.

Au cours des années 1980, l'évolution des SIG a été marquée par des avancées significatives dans le développement des fondements en tant que systèmes de gestion et d'analyse de données géographiques. Les systèmes étaient principalement basés sur des ordinateurs centraux et des stations de travail. Au début des années 1980, des logiciels tels que GRASS (Geographic Resources Analysis Support System) ont émergé. GRASS était un des premiers SIG open-source développé par le Corps des Ingénieurs de l'Armée des États-Unis, permettant la manipulation, l'analyse et la visualisation de données géospatiales. Les SIG étaient principalement utilisés dans des domaines tels que la gestion des ressources naturelles, la planification urbaine, et la cartographie gouvernementale. Dans les années 1990, les SIG ont commencé à intégrer des données provenant de différents types et sources, y compris des données provenant de satellites et de capteurs, ce qui a permis une meilleure visualisation et une analyse plus approfondie des données géospatiales.

De plus, les années 1990 ont vu une nette amélioration des interfaces utilisateur au fur et à mesure que les ordinateurs personnels devenaient plus accessibles. Par conséquent, il y a eu la naissance de logiciels commerciaux tels que les produits d'ESRI. ArcInfo a été l'un des premiers logiciels SIG professionnels, offrant des fonctionnalités avancées d'analyse spatiale et ArcView qui a démocratisé l'utilisation des SIG en offrant une interface conviviale et des fonctionnalités adaptées à un public plus large. Un autre logiciel commercial populaire qui offrait des fonctionnalités de cartographie et d'analyse spatiale était aussi MapInfo.

Annexe A.4.

LE CALENDRIER DE PRÉVISION DES CRISES ALIMENTAIRES

Le Calendrier Prévisionnel des Crises Alimentaires (CPCA) répond à un souci de conceptualisation du plan de prévention et de gestion des crises alimentaires au Sahel qui permet de donner des gradations au point de vue de la typologie des événements négatifs (chocs), ainsi que de leur intensité suivant les différents piliers de la sécurité alimentaire (disponibilité, accessibilité et utilisation). Un rôle important est ainsi attribué aux différents outils de prévision qui se basent sur les modèles climatiques de prévision saisonnière ainsi que sur les modèles agro- météorologiques et d'indicateurs d'identification des zones à risque et de prévision des rendements. Le Calendrier de Prévention des Crises Alimentaires (CPCA) se base sur une stratégie de liaison entre les différentes informations, soit structurelles soit conjoncturelles, selon l'approche synthétique de la *convergence des épreuves*. Dans ce sens, le CPCA fournit les règles pour l'intégration des informations produites selon un schéma opérationnel qui suit une précise cadence temporelle pour chaque étape d'analyse. Il fournit aussi les indications qui caractérisent une crise et évaluent l'impact de cet événement négatif sur la population. Il faut rappeler que les temps pour les actions d'atténuation de la crise dépendent de la vastitude et de la gravité de l'événement ; par conséquent la nécessité d'avoir une définition précoce de la crise est d'autant plus grande que la crise est plus vaste.

Une crise régionale demande plusieurs mois pour la distribution des aides et son identification doit être faite bien avant la fin de la campagne. En revanche, dans les cas de crises à l'échelle sous-nationale ou locale, l'identification des zones et des groupes vulnérables représente une priorité pour assurer la distribution des aides alimentaires aux populations cibles.

Événement et échelle Fréquence	Population affectée	Actions d'atténuation
Famine à l'échelle régionale *Réduction production céréalière ≥ 30%* **1 an à 15**	Millions d'habitants	Survie dépendante de l'aide alimentaire internationale
Crise alimentaire diffusée dans plusieurs pays *a) 10% ≤ Réduction production céréalière < 30%* *b) Réduction production céréalière ≥ 10% ; Population touchée ≥ 50% Pop. tot.* **1 an à 5**	Centaines de milliers d'habitants	Survie dépendante de l'aide alimentaire internationale
Crise alimentaire dans zones de différents pays **1 an à 2**	Dizaines de milliers d'habitants	Provision alimentaire assurée par les stocks de sécurité et le commerce régional
Disette au niveau village **Tous les ans**	Milliers d'habitants	Déficit couvert par les stocks de sécurité et le commerce national

Figure 6. Niveaux de crise et actions (source Bacci et al., 2009)

Dans le contexte opérationnel du CPCA pour les pays du CILSS, les échelles d'analyse correspondent au niveau régional, au niveau subrégional, au niveau sous-national et au niveau de village.

Chaque niveau sera analysé dans les temps nécessaires pour mettre en place les actions d'atténuation selon la disponibilité des données appropriées captant les situations de crise.

En début de saison l'analyse démarre à partir du niveau régional (gravité majeure) et si l'on n'enregistre pas les conditions pour l'avènement d'une situation de crise grave – selon certains seuils définis – on passe au niveau inférieur. Cette méthodologie sera réitérée pour chaque étape de l'analyse dans le calendrier sur la base des différents niveaux qui confirment ou non la situation de l'avis précédent.

Le suivi en continuum de l'état de la campagne agropastorale et des autres phénomènes qui peuvent engendrer des situations de crise, permet de fournir aux décideurs une information précoce, d'accès facile et en temps réel pour la prise de décision et pour la mise en place d'actions d'atténuation de crises.

Annexe A.5.

LES FORUMS RÉGIONAUX SUR LES PERSPECTIVES CLIMATIQUES (source : WMO)

Les Forums Régionaux sur les Perspectives Climatiques (RCOF) produisent en temps réel des produits de perspectives climatiques basés sur un consensus, adaptés aux besoins des utilisateurs, dans le but de réduire les risques liés au climat et de soutenir le développement durable pour la saison à venir dans les secteurs d'importance socio-économique critique pour la région en question.

À la fin des années 1990, l'OMM, les Services Météorologiques et Hydrologiques Nationaux (SMHN), les institutions régionales et d'autres organisations internationales ont lancé un processus innovant connu sous le nom de Forums Régionaux sur les Perspectives Climatiques (ci-après dénommés Forums).

Ces Forums rassemblent des experts du climat nationaux, régionaux et internationaux, sur une base opérationnelle, pour produire des perspectives climatiques régionales basées sur les prévisions climatiques de tous les participants. En réunissant des pays ayant des caractéristiques climatologiques communes, les Forums garantissent une cohérence dans l'accès à l'information climatique et son interprétation. En interagissant avec les utilisateurs des principaux secteurs économiques de chaque région, les agences de vulgarisation et les décideurs, les Forums évaluent les implications probables des perspectives sur les secteurs socio-économiques les plus pertinents de la région donnée et explorent les moyens par lesquels ces perspectives pourraient être utilisées par eux.

Aujourd'hui, le concept de base des Forums Régionaux sur les Perspectives Climatiques reste inchangé : la fourniture de produits de perspectives climatiques basés sur un consensus, adaptés aux besoins des utilisateurs en temps réel grâce à la coopération et au partenariat régionaux, mais la mise en œuvre a été adaptée pour répondre aux conditions locales. Le processus, initialement développé en Afrique, comprend généralement les composantes suivantes :

- Réunions des experts régionaux et internationaux du climat pour élaborer un consensus sur les perspectives climatiques régionales, généralement sous forme probabiliste.
- Le Forum lui-même, impliquant à la fois des scientifiques du climat et des représentants des secteurs utilisateurs, pour l'identification des impacts et des implications et la formulation de stratégies de réponse.
- Un atelier de formation sur les prévisions climatiques saisonnières visant à renforcer les capacités des scientifiques du climat nationaux et régionaux.
- Des séances de sensibilisation spéciales impliquant des experts des médias pour développer des stratégies de communication efficaces.

Chaque Forum passe également en revue les obstacles à l'utilisation de l'information climatique ainsi que les expériences et les succès dans l'utilisation des produits climatiques passés émis par le Forum spécifique, afin d'améliorer les applications sectorielles spécifiques.

Ces Forums Régionaux sur les Perspectives Climatiques sont suivis par des forums nationaux visant à développer des perspectives climatiques à l'échelle nationale détaillées et des informations sur les risques, y compris des avertissements à communiquer aux décideurs et au public.

Les Forums ont facilité la coopération et le réseautage régionaux, et ont démontré les avantages du partage d'informations et d'expériences climatiques. L'interaction étroite entre les fournisseurs et les utilisateurs d'informations climatiques et de prévisions a renforcé la rétroaction des utilisateurs vers les scientifiques du climat et a catalysé le développement de nombreux produits spécifiques aux utilisateurs. Dans de nombreuses régions, les utilisateurs qui bénéficient du Forum contribuent à son organisation et à la diversité des sessions, garantissant ainsi l'applicabilité pour répondre aux besoins des utilisateurs. En général, les Forums attirent des praticiens et des décideurs des secteurs tels que :

- Agriculture et sécurité alimentaire
- Ressources en eau
- Production et distribution d'énergie
- Santé publique
- Réduction et réponse aux risques de catastrophe
- Sensibilisation et communication
- D'autres secteurs tels que le tourisme, les transports, l'urbanisme, etc. sont de plus en plus impliqués.

En Afrique, actuellement il y a sept forums :

- Greater Horn of Africa Climate Outlook Forum (GHACOF)
- PRÉvisions climatiques Saisonnières en Afrique Soudano-Sahélienne (PRESASS)
- Southern African Regional Climate Outlook Forum (SARCOF)
- Southwest Indian Ocean Countries Climate Outlook Forum (SWIOCOF)
- PRÉvisions climatiques Saisonnières en Afrique du Nord (PRESANORD)
- PRÉvisions climatiques Saisonnières en Afrique, pays du Golfe de Guinée (PRESAGG)

- PRÉvisions climatiques Saisonnières en Afrique centrale (PRESAC).

En fonction des besoins de secteurs spécifiques, des forums spécialisés orientés vers les secteurs, tels que les Forums sur les Perspectives du Paludisme (MALOF) en Afrique, sont organisés en conjonction avec les Forums Régionaux sur les Perspectives Climatiques.

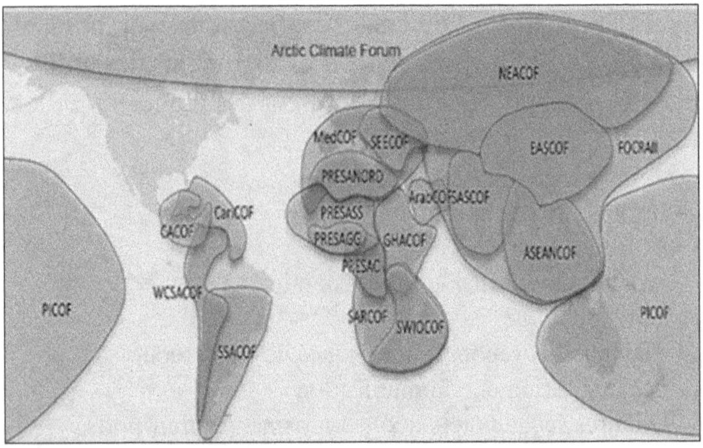

Figure 7. RCOFs (source: WMO)

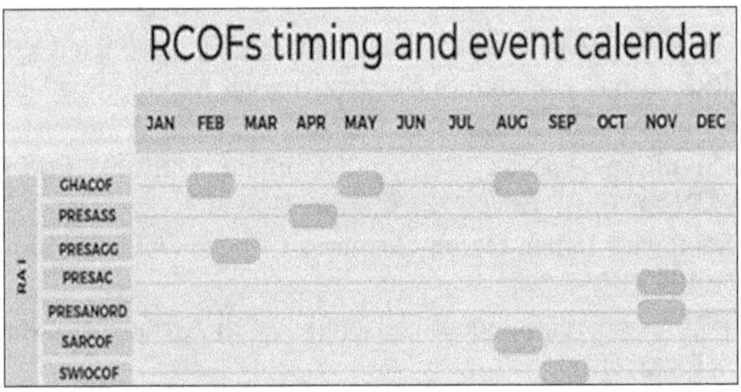

Figure 8, Calendrier des RCOF en Afrique

BIBLIOGRAPHIE

AA.VV. (2018), *The Story of Millet*, Karnataka State Department of Agriculture, ICAR

Bacci, L., Maracchi, G., Senni, B. (1992), *Les stratégies agro-météorologiques pour les pays sahéliens*, CILSS/OMM/ Coopération Italienne : Florence, Italie. 175 p.

Bacci, M., Di Vecchia, A., Tarchiani, V., Vignaroli, P. (2009), *La prévention des crises alimentaires au Sahel.* Changements globaux et développement durable en Afrique, Aracne Editrice : Roma

Bacci, M., Baoua, Y.O., Tarchiani, V. (2020), Agrometeorological Forecast for Smallholder Farmers : A Powerful Tool for Weather-Informed Crops Management in the Sahel, *Sustainability*, 12 (8), 3246. https://doi.org/10.3390/su12083246

Bacci, M., Idrissa, O., Zini, C., Burrone, S., Adamou Sitta, A., Tarchiani, V., Effectiveness of agrometeorological services for smallholder farmers: the case study in the regions of Dosso and Tillabéri in Niger. *Climate Services* 30 (2023) 100360. https://doi.org/10.1016/j.cliser.2023.100360

Baier, W., Strommen, N.D., Gringof, I.G. (1991), *History of the Commission for Agricultural Meteorology of the World Meteorological Organization*, WMO/TD, WMO : Genève

Baron, C., Reyniers, F.N., Clopes, A., Forest, F. (1999), Applications du Logiciel SARRA à l'Étude de Risques Climatiques, *Agriculture et Développement*, 24 : 89-97

Binam, J.N., Place, F., Kalinganire, A., Hamade, S., Boureima, M., Tougiani, A., Dakouo, J., Mounkoro, B., Diaminatou, S., Badji, M., Diop, M., Babou, A.B., Haglund, E. (2015), Effects of farmer managed natural regeneration on livelihoods in semi-arid West Africa, *Environ Econ Policy Stud* 17, 543-575. https://doi.org/10.1007/s10018-015-0107-4

Bonnecase, V. (2010), Retour sur la famine au Sahel du début des années 1970 : la construction d'un savoir de crise, *Politique africaine*, 119(3), 23-42. https://doi.org/10.3917/polaf.119.0023

Brandt, M., Hiernaux, P., Rasmussen, K., Mbow, C., Kergoat,

L., Tagesson, T., Ibrahim, Y.Z., Wélé, A., Tucker, C.J., Fensholt, R. (2016), Assessing woody vegetation trends in Sahelian drylands using MODIS based seasonal metrics, *Remote Sensing of Environment,* 183, 215-225. https://doi.org/10.1016/j.rse.2016.05.027

Brasseur, G.P., Gallardo, L. (2016), Climate services: Lessons learned and future prospects. *Earth's Future* 4, 79-89. https://doi.org/10.1002/2015EF000338

Bremer, S., Meisch, S. (2017), Co-production in climate change research: reviewing different perspectives. *WIREs Climate Change,* 8, e482. https://doi.org/10.1002/wcc.482

Bremer, S., Wardekker, A., Dessai, S., Sobolowski, S., Slaattelid, R., van der Sluijs, J. (2019), Toward a multi-faceted conception of co-production of climate services, *Climate Services,* 13, 42–50. https://doi.org/10.1016/j.cliser.2019.01.003

Burton, S. (1998), Drought in the Sahel, *Geofile* 339

Butterfield, R., Osano, P. (2020), *Improving the co-production of climate services for agriculture: a case study from Nigeria*. SEI : Stockholm, Sweden. Available at https://www.sei.org/publications/improving-the-co-production-of-climate-services-for-agriculture-a-case-study-from-nigeria/

CAD/OCDE (1974), *Aide au développement. Efforts et politiques poursuivis par les membres du CAD*. Examen : Paris

CARE (2018), *Practical guide to Participatory Scenario Planning: Seasonal climate information for resilient decision-making*, CARE

Carr, E.R. (2014), *Assessing Mali's direction nationale de la météorologie agrometeorological advisory program preliminary report on the climate science and farmer use of advisories*, USAID : Washington

Carr, E.R. (2015), *Assessing Mali's direction nationale de la météorologie agrometeorological advisory program.* Final report on the farmer use of advisories and implications for climate service design, USAID : Washington

Carter, S., Steynor, A., Vincent, K., Visman, E., and Waagsaether, K. (2019), *Co-production of African weather and climate services,* second edition, Future Climate for Africa and Weather and Climate Information Services for Africa : Cape Town. Available at: https://futureclimateafrica.org/coproduction-manual

Cess, R.D., et. al. (1989), Interpretation of cloud-climate feedback as produced by 14 atmospheric general circulation models. *Science*, 245, 513-516

CILSS (1990), *Texte Officiel de la Charte de l'aide alimentaire*, CILSS-OCDE

CILSS (1993), *Vingt ans de prévention des crises alimentaires au Sahel: Bilan & Perspectives*, CILSS

CILSS (2014), *Cadre Harmonisé. Identification et analyse des zones à risque et des populations en insécurité alimentaire et nutritionnelle au Sahel et en Afrique de l'Ouest, Manuel,* CILSS

Conese, C., Maracchi, G., Maselli, F. And Bindi, M. (1991), Influence of meteorological factors on primary production of Sahelian regions estimated by remote-sensing techniques. *EPPO Bulletin*, 21 : 643-649. https://doi.org/10.1111/j.1365-2338.1991.tb01298.x

Cornia, G.A., Deotti, L. (2008), *Niger's 2005 food crisis : extent, causes and nutritionalimpact,* EUDN/WP, 15

Cummings, R.W. Jr. (1977), *Minimum information systems for agricultural development in low-income Countries*, Seminar Rep. n. 14. Agricultural Development Council, New York

Dancette, C. (1978), Water Requirements and Adaptations to the Rainy Season of Millet in Senegal, in *Agrometeorological Research needs of the Semi-arid Tropics Proceedings*, Hyderabad, India 22-24 Nov, pp. 106-120

Daniels, E., Bharwani, S., Swartling, Å.G., Vulturius, G., Brandon, K. (2020), Refocusing the climate services lens: Introducing a framework for co-designing "transdisciplinary knowledge integration processes" to build climate resilience, *Climate Services,* 19, 100181. https://doi.org/10.1016/j.cliser.2020.100181

De Filippis, T., Rocchi, L., Vignaroli, P., Bacci, M., Tarchiani, V., Rapisardi, E. (2016), *Open source geoprocessing tools and meteorological satellite data for crop risk zones moni-*

toring in Sub-Saharan Africa. 10.7287/PEERJ.PREPRINTS.2265V1

Dennett, M. D., Elston, J., Speed, C.B. (1981), Rainfall and crop yields in seasonally arid West Africa, *Geoforum,* 12 (2), 203-209

Descroix, L., Guichard, F., Grippa, M., Lambert, L.A., Panthou, G., Mahé, G., Gal, L., Dardel, C., Quantin, G., Kergoat, L. et al. (2018), Evolution of Surface Hydrology in the Sahelo-Sudanian Strip : An Updated Review, *Water*, 10, 748. https://doi.org/10.3390/w10060748

Diamond, J. (1997), *Guns, germs, and steel: The fates of human societies,* Jonathan Cape Ltd. : London

Di Chiara, C., Montanelli, M. Daouda, M., Labo, M. (1994), *Manuel de suivi de la campagne agricole et alerte précoce au Niger – SISP,* CeSIA : Firenze

Dingkuhn, M., Baron, C. Bonnal, V., Maraux, F., Sarr, B., Sultan, B. Clopes, A., Forest, F. (2003), Decision support tools for rainfed crops in the Sahel at the plot and regional. In: T.E. Struif Bontkes, M.C.S. Wopereis (Eds.), *Decision support tools for smallholder agriculture in sub-Saharan Africa: a practical guide*, IFDC, Muscle Shoals (USA), pp. 127-139

Dixon, J., Garrity, D., Boffa, J.-M., Ekberg Coulibaly, A., El-Helepi, M., Auricht, C.M., Mburathi, G. (2019), Africa through the farming systems lens: Context and approach, in: Dixon, J., Garrity, D.P., Boffa, J.-M., Williams, T.O., Amede, T., Auricht, C., Lott, R., & Mburathi, G. (Eds.), *Farming Systems and Food Security in Africa*, Routledge : London, 674 p.

Domergue, J.L., Chanzy, A. (1987), *Les outils satellitaires et les produits AGRHYMET*, centre AGRHYMET: Niamey, Niger, p.15. https://horizon.documentation.ird.fr/exl-doc/pleins_textes/pleins_textes_5/b_fdi_18-19/23699.pdf

Dorward, P., Clarkson, G., Stern, R. (2015), *Participatory Integrated Climate Services for Agriculture (PICSA): Field Manual,* Walker Institute, University of Reading. Available at https://cgspace.cgiar.org/handle/10568/68687

Dunk, K., Azeiteiro, R.M., Illingworth, U.M., Alves, F. (Eds.), *Implementing Climate Change Adaptation in Cities and Communities: Integrating Strategies and Educational Approaches, Climate Change Management*. Springer International Publishing, Cham, 237–251. https://doi.org/10.1007/978-3-319-28591-7_13

Dupuy, C. (2014), Des céréales et du lait au Sahara et au Sahel, de l'épipaléolithique à l'âge des métaux. *Afriques*, n. 5. https://doi.org/10.4000/afriques.1376

FAO (1984), *Assessment of the Food, Agriculture and Livestock Situation Following th 1984 Drought Report of the FAO/WFP Mission*, FAO : Roma

FAO (1992), *CROPWAT. A computer programme for irrigation scheduling and management.* FAO Irrigation and drainage paper N. 46, FAO : Roma

FAO (2016), *Farmer Field School Guidance Document*, FAO : Roma

Folland, C.K., Owen, J., Ward, M.N., A. Colman, A. (1991), Prediction of seasonal rainfall in the Sahel region using empirical and dynamical methods. *J. Forecasting*, 10, 21-56

Gado, B.A. (1993), *Une histoire des famines au Sahel, Étude des grandes crises alimentaires (XIXème - XXème siècles)*, L'Harmattan : Paris, 201 p.

Genesio, L., Bacci, M., Baron, C., Diarra, B., Di Vecchia, A., Alhassane, A., Hassane, I., Ndiaye, M., Philippon, N., Tarchiani, V. and Traoré, S. (2011), Early warning systems for food security in West Africa: evolution, achievements and challenges. *Atmospheric Science Letters*, 12 : 142-148. https://doi.org/10.1002/asl.332

Giri, J. (1983), *Le Sahel demain : catastrophe ou renaissance ?* (vol. 10). Karthala : Paris

Glantz, M.H. (1977), The value of a long-range weather forecast for the West African Sahel. *Bull. Amer. Meteor. Soc.*, 58, 150-158

Gommes, R. (1999), *Roving Seminar on crop-yield weather modelling; lecture notes and exercises*. WMO : Geneva. 153 p.

Hellmuth, M.E., Moorhead, A., Thomson, M.C., Williams, J.

(2007), *Climate risk management in Africa : learning from practice*. International Research Institute for Climate and Society (IRI), US

Hansen, J., M. Sato, A. Lacis, Ruedy, R. (1997), The missing climate forcing. *Phil. Trans. R. Soc. Lond. B*, 352, 231-240.

Ingram, K.T., Roncoli, M.C., Kirshen, P.H. (2002), Opportunities and constraints for farmers of West Africa to use seasonal precipitation forecasts with Burkina Faso as a case study, *Agric. Syst.* 74 (3), 331-349. https://doi.org/10.1016/S0308- 521X(02)00044-6

Katiellou, G.L., Tiepolo, M., Tarchiani, V. (2021), *Risque et adaptation climatique dans la région de Dosso au Niger*, L'Harmattan : Paris

Konate, M. (1994), Alerte Précoce et Sécurité Alimentaire : La contribution de l'OMM. In *Actes Conférence internationale Alerte Précoce et Suivi de l'Environnement*, OMM : Genève

Krauß, W. (2020), Narratives of change and the co-development of climate services for action, *Climate Risk Management,* 28, 100217. https://doi.org/10.1016/j.crm.2020.100217

Kruk, M.C., Parker, B., Marra, J.J., Werner, K., Heim, R., Vose, R., Malsale, P. (2017), Engaging with Users of Climate Information and the Coproduction of Knowledge, *Weather, Climate, and Society* 9, 839–849. https://doi.org/10.1175/WCAS-D-16-0127.1

Lemos, M.C., Kirchhoff, C.J., Ramprasad, V. (2012), Narrowing the climate information usability gap. *Nature Clim Change* 2, 789-794. https://doi.org/10.1038/nclimate1614

Lo, H.M., Dieng M. (2015), *Impact assessment of communicating seasonal climate forecasts in Kaffrine, Diourbel, Louga, Thies and Fatick (Niakhar) regions in Senegal,* Final Report for CCAFS West Africa Regional Program

Lovejoy, P.E., Baier, S. (1975), The Desert-Side Economy of the Central Sudan, *The International Journal of African Historical Studies* 8, 551-581. https://doi.org/10.2307/216696

Maley, J. (2004), Le bassin du Tchad au quaternaire récent : formations sédimentaires, paléoenvironnements et préhistoire.

La question des paléotchads, in : J. Renault-Miskovsky, A.M. Semah (Eds.), *L'évolution de la Végétation depuis deux millions d'années*, Artcom/Errances : Paris, pp. 179-217

Maley, J. (2011), Climate and palaeoenvironment evolution in north tropical Africa from the end of the Tertiary to the Upper Quaternary, in : *African Palaeoenvironments and Geomorphic Landscape Evolution,* CRC Press : US

Maley, J., Vernet, R. (2013), Peuples et évolution climatique en Afrique nord-tropicale, de la fin du Néolithique à l'aube de l'époque moderne, *Afriques*, 4. https://doi.org/10.4000/afriques.1209

Massazza, G., Bacci, M., Descroix, L., Ibrahim, M.H., Fiorillo, E., Katiellou, G.L., Panthou, G., Pezzoli, A., Rosso, M., Sauzedde, E., Tiepolo, M., Tarchiani, V. (2021), Recent Changes in Hydroclimatic Patterns over Medium Niger River Basins at the Origin of the 2020 Flood in Niamey (Niger), *Water*, 13, 1659. https://doi.org/10.3390/w13121659

Meehl, G.A., G.J. Boer, C. Covey, M. Latif, Stouffer, R.J. (2000), The Coupled Model Intercomparison Project (CMIP), *Bull. Amer. Meteor. Soc.*, 81, 313-318. http://www.jstor.org/stable/26215108

Mitchell, J.F.B., C.A. Senior, Ingram, W.J. (1989), CO_2 and climate: a missing feedback ? *Nature*, 341, 132-134

Mousseau, F., Mittal, A. (2006), *Sahel : A Prisoner of Starvation ? A Case Study of the 2005 Food Crisis in Niger*, The Oakland Institute, Oakland, 57 p.

Mortimore, M.J., Adams, W.M. (2001), Farmer adaptation, change and 'crisis' in the Sahel, *Global Environmental Change,* 11, 49-57. https://doi.org/10.1016/S0959-3780(00)00044-3

Nyong, A., Adesina, F., Elasha, B.O. (2007), The Value of Indigenous Knowledge in Climate Change Mitigation and Adaptation Strategies in the African Sahel, *Mitigation and Adaptation Strategies for Global Change*, 12(5), 787-797

Ouedraogo, M., Zougmore, R., Barry, S., Leopold, S., Grégoire, B. (2015), *The value and benefits of using seasonal climate forecasts in agriculture : evidence from cowpea and sesame sectors in climate-smart villages of*

Burkina Faso. CCAF Info Notes, CGIAR. https://doi.org/10.13140/RG.2.1.4958.5682

Ouedraogo, I., Seynabou Diouf, N., Ouédraogo, M., Ndiaye, O., Zougmoré, R.B. (2018), Closing the Gap between Climate Information Producers and Users: Assessment of Needs and Uptake in Senegal. *Climate* 6 (1), 13. https://doi.org/10.3390/cli6010013

Panthou, G., Lebel, T., Vischel, T., Quantin, G., Sane, Y., Ba, A., Ndiaye, O., Diongue-Niang, A., Diopkane, M. (2018), Rainfall intensification in tropical semi-arid regions: The Sahelian case. *Environ. Res. Lett.*, 13, 064013. https://doi.org/10.1088/1748-9326/aac334

Paparrizos, S., Baggen, Y., van Dalen, M., Ploum, L., Ludwig, F. (2023), Commercialization pathways for climate services for small holder farmers in the global South, *Climate Services,* 30, 100354. https://doi.org/10.1016/j.cliser.2023.100354

Parolini, G. (2022), Weather, climate, and agriculture : Historical contributions and perspectives from agricultural meteorology, *WIREs Climate Change,* 13, e766. https://doi.org/10.1002/wcc.766

Porteres, R. (1962), Berceaux Agricoles Primaires Sur le Continent Africain, *The Journal of African History,* 3, 195-210

Prokopy, L.S., Carlton, J.S., Haigh, T., Lemos, M.C., Mase, A.S., Widhalm, M. (2017), Useful to Usable: Developing usable climate science for agriculture, *Climate Risk Management*, 15, 1-7. https://doi.org/10.1016/j.crm.2016.10.004

Reij, C.P., Smaling, E.M.A. (2008), Analyzing successes in agriculture and land management in Sub-Saharan Africa : Is macro-level gloom obscuring positive micro-level change? *Land Use Policy* 25, 410-420 https://doi.org/10.1016/j.landusepol.2007.10.001

Hills, R.C. (1981). Agrometeorological services in developing countries: Aspects of cost-efficiency. *Agricultural Meteorology* 23, 287-292. https://doi.org/10.1016/0002-1571(81)90114-X

Roncoli, C., Jost, C., Kirshen, P., Sanon, M., Ingram, K.T., Woodin, M., Somé, L., Ouattara, F., Sanfo, B.J., Sia, C.,

Yaka, P., Hoogenboom, G. (2009), From accessing to assessing forecasts: an end-to-end study of participatory climate forecast dissemination in Burkina Faso (West Africa), *Climatic Change,* 92, 433-460. https://doi.org/10.1007/s10584-008-9445-6

Rura-Porterfield, M., Marble, D., Alvarez, D. (2014), In Memoriam : Roger Tomlinson – "The Father of GIS" and the transition to computerized geographic information, *Photogrammetric Engineering and Remote Sensing,* 80, 400-401.

Salamanca, A., Biskupska, N. (2021), *Monitoring, evaluation and learning to build better climate services : A framework for inclusion, accountability and iterative improvement in tandem.* SEI: Stockholm, Sweden. Available at : https://www.sei.org/publications/monitoring-evaluation_climate-services-in-tandem

Scott, J.C. (1985), *Weapons of the Weak: Everyday Forms of Peasant Resistance,* Yale University Press

Scott, J.C. (2017), *Against the Grain : A Deep History of the Earliest States,* Yale University Press

Shaw, B.D. (1976), Climate, Environment and Prehistory in the Sahara, *World Archaeology,* 8, p. 133-149

Sheets, H., Morris, R. (1974), *Disaster In The Desert: Failures of International Relief in the West African Drought*, The Carnegie Endowment for International Peace, Washington, 167 p.

Sivakumar, M.V.K. (1988), Predicting Rainy Season Potential From the Onset of Rains in Southern Sahelian and Soudanian Climatic Zones of West Africa, *Agricultural Meteorology*, 42 : 295-305

Sivakumar, M.V.K (1992), Climate change and implications for agriculture in Niger, *Climate Change*, 20 (4). p. 297-312. ISSN 1573-1480

Steduto, P., Hsiao, T.C., Fereres, E., Raes, D. (2012), *Crop yield response to water*, Irrigation and Drainage Paper Nr. 66, FAO, Rome, Italy. Disponible sur : https://www.fao.org/3/i2800e/i2800e00.htm

Stern, R.D., Dennett, M.D., Dale, I.C. (1982), Analysing daily

rainfall measurements to give agronomically useful results: Direct methods *Exp. Agric.*, 18 (3), pp. 223-236
Steynor, A., Lee, J., Davison, A. (2020), Transdisciplinary co-production of climate services: a focus on process, *Social Dynamics* 46, 414-433. https://doi.org/10.1080/02533952.2020.1853961
Stigter, C.K.J. (2003), From basic agrometeorological science to agrometeorological services and information for agricultural decision makers: A simple conceptual and diagnostic framework, *Agricultural and Forest Meteorology,* 142 (2007) 91-95. https://doi.org/10.1016/j.agrformet.2006.10.002
Stigter, C.K.J. (2016), A Decade of Capacity Building Through Roving Seminars on Agro-Meteorology/Climatology in Africa, Asia and Latin America : From Agrometeorological Services via Climate Change to Agroforestry and Other Climate-Smart Agricultural Practices, In : Leal Filho, W., Adamson, K., Dunk, R., Azeiteiro, U., Illingworth, S., Alves, F. (Eds.) *Implementing Climate Change Adaptation in Cities and Communities*, Climate Change Management, Springer: Cham. https://doi.org/10.1007/978-3-319-28591-7_13
Stockle, C.O., Martin, S.A., Campbell, G.S. (1994), CropSyst, a cropping systems simulation model : Water/nitrogen budgets and crop yield, *Agricultural Systems,* 46, 335–359. https://doi.org/10.1016/0308-521X(94)90006-2
Street, R.B. (2016), Towards a leading role on climate services in Europe : A research and innovation roadmap, *Climate Services,* 1, 2-5. https://doi.org/10.1016/j.cliser.2015.12.001
Tall, A., Coulibaly, J.Y., Diop, M. (2018), Do climate services make a difference? A review of evaluation methodologies and practices to assess the value of climate information services for farmers : Implications for Africa, *Climate Services,* 11, 1-12. https://doi.org/10.1016/j.cliser.2018.06.001
Tarchiani, V., Rossi, F., Camacho, J., Stefanski, R., Mian, K.A., Pokperlaar, D.S., Coulibaly, H., Adamou, A.S. (2017), Smallholder farmers facing climate change in West Africa : decision-making between innovation and tradition, *Journal*

of Innovation Economics & Management, https://doi.org/10.3917/jie.pr1.0013
Tarchiani, V., Camacho, J., Coulibaly, H., Rossi, F., Stefanski, R. (2018), Agrometeorological services for smallholder farmers in West Africa, *Advances in Science and Research,* 15, 15-20. https://doi.org/10.5194/asr-15-15-2018
Tarchiani, V. (2019), Evaluation report of METAGRI OPERATIONAL Project (2012-2015), CAgMReport No. 107, WMO : Genève
Tarchiani, V., Coulibaly, H., Baki, G., Sia, C., Burrone, S., Nikiema, P.M., Migraine, J.-B., Camacho, J. (2021), Access, Uptake, Use and Impacts of Agrometeorological Services in Sahelian Rural Areas : The Case of Burkina Faso, *Agronomy,* 11, 2431. https://doi.org/10.3390/agronomy11122431
Tarchiani, V., Bacci, M. (2024), The added value of the process in climate services co-production : Lessons from Niger, *Climate Services,* 33, 100435. https://doi.org/10.1016/j.cliser.2023.100435
Tauxe, R.V., Holmberg, S.D., Dodin, A. (1988), Epidemic cholera in Mali : high mortality and multiple routes of transmission in a famine area, *Epidemiology & Infection,* 100(2) : 279-289
Tefft, J., M. McGuire, Maunder, N. (2006), *Planning on the future. An assessment of food security early warning systems in sub-Saharan Africa*, Synthesis Report, FAO: Rome.
Tiepolo, M., Tarchiani, V. (2016), *Risque et adaptation climatique dans la région de Tillabery, Niger*, L'Harmattan : Paris
Traore, S.B., Sidibe, B., Djaby, B., Samba, A., Kaba, A.B., Sarr, B., Amani, A., Some, B., Andigue, J. (2004), A review of agrometeorological monitoring tools and methods used in the West African Sahel. In: Motha, R., Sivakumar, M.V.K., Bernadi, M. (Eds.), *Proceedings of the Inter-Regional Workshop on Strengthening Operational Agrometeorological Services at the National Level*, 22-26 March, 2004. Manila, Philippines, WMO/TD-No. 1277, WMO : Genève, pp. 209-221
Toaldo, G., (1775), *La meteorologia applicata all'agricoltura*, Gaspare Storti : Venezia

Traore, S.B., Alhassane, A., Muller, B., Kouressy, M., Somé, L., Sultan, B., Oettli, P., Siéné Laopé, A.C., Sangaré, S., Vaksmann, M., Diop, M., Dingkhun, M., Baron, C. (2010), Characterizing and modelling the diversity of cropping situations under climatic constraints in West Africa, *Atmos. Sci. Lett.* 12, 89-95. https://doi. org/10.1002/asl.295

Traore, S.B., Ali, A., Tinni, S.H., Samake, M., Garba, I., Maigari, I., Alhassane, A., Samba, A., Ba Diao, M., Atta, S., Dieye, P.O., Nacro, H.B., Bouafou, K.G.M. (2014), AGRHYMET: A drought monitoring and capacity building center in the West Africa Region, *Weather and Climate Extremes*, 3, 22-30. https://doi.org/10.1016/j.wace.2014.03.008

UNDRO, *Mali Drought*, UNDRO Situation Reports 1, May, 1984

Vallebona, C., L. Genesio, A. Crisci, M. Pasqui, A. Di Vecchia, Maracchi, G. (2008), Large scale climatic patterns forcing desert locust upsurges in West Africa, *Climate Research,* 37: 35-41. https://doi.org/10.3354/cr00744

Vavilov, N.I. (1951), *The Origin, Variation, Immunity and Breeding of Cultivated Plants*. Waltham, Mass. : Chronica Botanica ; New York : Stechert-Hafner

Vernet, R. (2002). Climate During the Late Holocene in the Sahara and the Sahel : Evolution and Consequences on Human Settlement, in : Hassan, F.A. (Ed.), *Droughts, Food and Culture: Ecological Change and Food Security in Africa's Later Prehistory*. Springer US, Boston, MA, pp. 47-63. https://doi.org/10.1007/0-306-47547-2_4

Vignaroli, P. (2017), Building Resilience to Drought in the Sahel by Early Risk Identification and Advices. In: Tiepolo, M., Pezzoli, A., Tarchiani, V. (Eds.) *Renewing local planning to face climate change in the tropics*, SpringerOpen : Cham (Switzerland). pp 151-167

Vincent, K., Daly, M., Scannell, C., Leathes, B. (2018), What can climate services learn from theory and practice of co-production? *Climate Services,* 12, 48-58. https://doi. org/10.1016/j.cliser.2018.11.001

Vincent, K., Steynor, A., McClure, A., Visman, E., Waagsaether, K.L., Carter, S., Mittal, N. (2021), Co-production: Learning from Contexts, in: Conway, D., Vincent, K. (Eds.), *Climate Risk in Africa: Adaptation and Resilience*, Springer International Publishing, Cham, pp. 37-56. https://doi.org/10.1007/978-3-030-61160-6_3

Visman, E., Vincent, K., Steynor, A., Karani, I., Mwangi, E. (2022), Defining metrics for monitoring and evaluating the impact of co-production in climate services, *Climate Services,* 26, 100297. https://doi.org/10.1016/j.cliser.2022.100297

Vogel, C., Steynor, A., Manyuchi, A. (2019), Climate services in Africa: Re-imagining an inclusive, robust and sustainable service, *Climate Services,* 15, 100107. https://doi.org/10.1016/j.cliser.2019.100107

Wall, T.U., Meadow, A.M., Horganic, A. (2017), Developing Evaluation Indicators to Improve the Process of Coproducing Usable Climate Science, *Weather, Climate, and Society,* 9, 95-107. https://doi.org/10.1175/WCAS-D-16-0008.1

Wang, M., Yu, Y., Haberer, G., Marri, P.R., Fan, C., Goicoechea, J.L., Zuccolo, A., Song, X., Kudrna, D., Ammiraju, J.S.S., Cossu, R.M., Maldonado, C., Chen, J., Lee, S., Sisneros, N., de Baynast, K., Golser, W., Wissotski, M., Kim, W., Sanchez, P., Ndjiondjop, M.-N., Sanni, K., Long, M., Carney, J., Panaud, O., Wicker, T., Machado, C.A., Chen, M., Mayer, K.F.X., Rounsley, S., Wing, R.A. (2014), The genome sequence of African rice (Oryza glaberrima) and evidence for independent domestication, *Nat Genet* 46, 982-988. https://doi.org/10.1038/ng.3044

Ward, M.N. (1998), Diagnosis and Short-Lead Time Prediction of Summer Rainfall in Tropical North Africa at Interannual and Multidecadal Timescales, *J. Climate*, 11, 3167-3191, https://doi.org/10.1175/1520-0442(1998)011.

Weichselgartner, J., Arheimer, B. (2019), Evolving Climate Services into Knowledge-Action Systems, *Weather, Climate, and Society*, 11, 385-399. https://doi.org/10.1175/WCAS-D-18-0087.1

WMO (1994), *Actes de la Conférence internationale sur l'alerte précoce et le suivi de l'environnement*, Niamey,

Niger, 7-9 Novembre 1994, WMO : Genève, Suisse.
WMO (2011), *Global Framework for Climate Services*, WMO : Genève
Zongo, B., Diarra, A., Barbier, B., Zorom, M., Yacouba, H., Dogot, T. (2015), Farmers' Perception and Willingness to Pay for Climate Information in Burkina Faso, *Journal of Agricultural Science.* 8, 175. https://doi.org/10.5539/jas.v8n1p175

www.ingramcontent.com/pod-product-compliance
Lightning Source LLC
LaVergne TN
LVHW021220061026
849535LV00008B/2828